Hallwag
Taschenbuch

28

Hobby

Mikroskopieren

Daphne und Jakob Zbären

Hallwag Verlag
Bern und Stuttgart

Umschlagfotos: Jakob Zbären
Oben:
Endglied eines Fliegenbeines mit Krallen und Haftlappen
Querschnitt durch eine Flechte, Pianesefärbung
Zieralge Micrasterias crux-melitensis
Unten:
Nervenzelle aus dem Rückenmark des Rindes
Querschnitt durch Stechpalmenblatt, Festigungsgewebe gelb
Nierengewebe einer Maus

Alle Bilder und Strichzeichnungen stammen von den Autoren

2. Auflage, 1981

Herstellung: Hallwag AG Bern
ISBN 3 444 50125 0

Inhalt

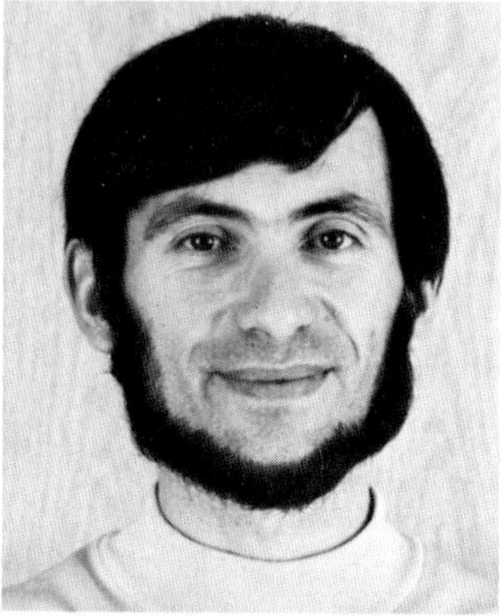

Jakob Zbären, geboren 1944, ist Histologie-Laborant am Zoologischen Institut Bern. Sein besonderes Interesse gilt der Verbesserung und Neuentwicklung von mikroskopischen Präparations- und Färbemethoden.

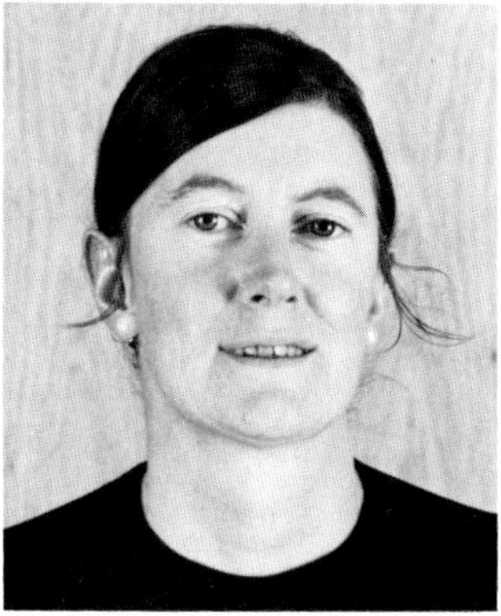

Daphne Zbären-Colbourn, 1941 in England geboren. Nach einem Biologiestudium in verschiedenen Labors in England, Helgoland, Bergen und Bern tätig. Untersuchte hauptsächlich Meeres- und später Süßwasserplankton.

Wunderwelt des Mikrokosmos

Elektronenmikroskope ermöglichen es heute, kleinste Strukturen in hunderttausendfacher Vergrößerung darzustellen. Das Rasterelektronenmikroskop ergibt im Vergrößerungsbereich von einigen Zehntausendmal sogar plastische Bilder. Trotzdem hat das gewöhnliche Lichtmikroskop noch keineswegs ausgedient. Zusammen mit hochentwickelten Zusatzeinrichtungen ist es ein vielseitiges und unentbehrliches Instrument für die Forschung. In diesem Taschenbuch geht es darum, dem Mikroskopiker einfache Methoden aufzuzeigen, mit denen er seine Untersuchungsobjekte zur mikroskopischen Betrachtung vorbereiten kann. Dabei beschränken wir uns auf pflanzliche und tierische Objekte, die sich jedermann leicht beschaffen kann.

Eine gute Lupe und erst recht ein gutes Mikroskop öffnen uns das Tor zu einer erstaunlichen Wunderwelt der Natur, die zwar wegen ihrer Kleinheit dem bloßen Auge verschlossen bleibt, aber die Grundlage allen Lebens auf unserer Erde bildet.

Das Mikroskop

Ein gutes Mikroskop ist die Voraussetzung zum Eindringen in die Welt des Mikrokosmos. Wer noch kein Gerät besitzt, sollte bei einem Kauf die nachstehenden Punkte beachten.
Sehr vorteilhaft ist ein Gerät mit Einbau- oder Ansteckbeleuchtung mit Niedervoltlampe oder für besonders hohe Ansprüche eine Halogenlampe mit einem Reguliertransformator. Ein Kondensor mit Blende sollte unbedingt am Gerät vorhanden sein. Damit wird das Präparat beleuchtet. In den Filterhalter, meist am Kondensor, wird ein mattiertes Blauglas eingelegt. Dieses ergibt eine diffuse Lichtverteilung und verhindert, daß die Leuchtwendeln in der Präparatebene abgebildet werden. Ein Drei- oder Vierfachrevolver erleichtert das Wechseln von einer Vergrößerung zur andern sehr. In diesen werden die Objektive eingeschraubt und können durch einfaches Drehen des Revolvers in den Strahlengang des Mikroskops gebracht werden.
Objektive: Die meistverwendeten Achromate sind auch preislich am günstigsten. Die besten Objektive sind die Apochromate; auf diese sehr teuren Objektive kann der Freizeitmikroskopiker jedoch verzichten. Eine Mittelstellung nehmen die Semi-Apochromate (Halb-Apochromate) ein, die wesentlich billiger sind als Apochromate. Empfehlenswert ist ein Satz von drei Objektiven mit den Vergrößerungen 4-, 10- und 40fach. Trockenobjektive mit einer mehr als 40fachen Eigenvergrößerung zu kaufen ist sinnlos, und auf eine Ölimmersion kann, zumindest am Anfang, ohne weiteres verzichtet werden.
Das Okular, die zweite Vergrößerungsstufe eines Mikroskops, vergrößert in der Regel 10- oder 8fach. Stärkere Okulare sind nicht ratsam. Ein Binokulartubus ist besonders bei längerem Mikroskopieren sehr angenehm. (Vor dem Kauf klären, ob es

Die Einzelteile eines Mikroskops im Schnitt

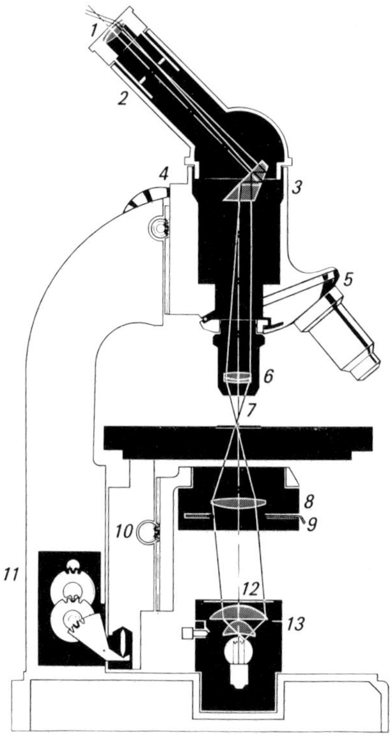

1 Okular
2 Sehfeldblende
3 Umlenkprisma
4 Grobtrieb
5 Objektivrevolver
6 Objektiv
7 Tisch, Präparatebene
8 Kondensor
9 Aperturblende
10 Kondensortrieb
11 Feintrieb
12 Mattscheibe (Blauglas)
13 Zentrierbarer Lampenkollektor

einen Binokulartubus im Zusatzprogramm gibt.) Müssen wir mit einem *Monokulartubus* auskommen, sollten wir uns gleich zu Beginn angewöhnen, das nicht benutzte Auge offen zu halten und völlig zu entspannen, so daß wir die Umgebung gar nicht sehen. Dies erleichtert auch das Zeichnen am Mikroskop: Das linke Auge blickt in den Tubus, das rechte auf die Zeichenfläche, und mit der rechten Hand wird gezeichnet. Das Zeichnen am Mikroskop ist sehr zu empfehlen; man lernt dadurch ein Objekt genau betrachten und richtig durchfokussieren.

Mit Hilfe eines *Kreuztisches* kann ein Präparat systematisch abgesucht werden. Bei einfacheren Geräten ist er als Zubehör erhältlich.
Wer einem Schüler ein *Warenhausmikroskop* schenken möchte, sollte nur ein Modell ohne Zubehör kaufen, da letzteres völlig unbrauchbar ist. Im Vergleich zu einem «richtigen» Mikroskop ist jedoch auch die optische Leistung enttäuschend.

Die Endvergrößerung
Die heute gebräuchlichen Mikroskope sind zusammengesetzte Geräte. An der Bildentstehung sind zwei Linsensysteme beteiligt: als erste und wichtigste Vergrößerungsstufe das *Objektiv*, als zweite das *Okular*. Für die Qualität des mikroskopischen Bildes ebenfalls von Bedeutung ist das dritte Linsensystem, der *Kondensor*. Die Endvergrößerung errechnet sich durch Multiplikation der Objektivvergrößerung mit der Okularvergrößerung, zum Beispiel:

Objektiv	×	Okular	=	Endvergrößerung
40		10		400

Für eine sinnvolle Vergrößerung ist das Objektiv ausschlaggebend. Wenn beispielsweise zwei Punkte eines Objekts, die sehr nahe beieinanderliegen, nicht mehr als getrennte Strukturen vom Objektiv aufgelöst werden können, nützt auch die stärkste Okularvergrößerung nichts mehr.

Die numerische Apertur
Auf den Objektiven sind drei Zahlen eingraviert: die *Eigenvergrößerung*, die *numerische Apertur (n. A.)* und die *Deckglasdicke (d)*.
Die numerische Apertur ist ein Maß für den halben Öffnungswinkel des Objektivs. Sie ist wichtig zur Ermittlung des *sinnvollen Vergrößerungsbereichs*. Dieser erstreckt sich vom 500- bis zum 1000fachen der numerischen Apertur.
Wir finden zum Beispiel auf einem Objektiv eingraviert 40/0,65 n. A. Demnach eignet es sich für eine stärkste Vergrößerung von 0,65 × 1000 = 650fach oder eine schwächste Vergrößerung von 0,65 × 500 = 325fach. Diese Werte sind theoretisch mit den folgenden Okularen zu erreichen:

Objektiv ×	Okular =	Endvergrößerung
40	16,25	650
40	8,13	325

Mit einem 10fach-Okular kommt man in der Praxis eigentlich immer aus.

Die Deckglasdicke

Ein zu dickes Deckglas oder Präparat kann bei höhervergrößernden Trockenobjektiven (40 ×) ein etwas unscharfes Bild ergeben, weil Deckglas und Einschlußmittelschicht in die optische Abbildung mit einbezogen werden.

Dunkelfeldmikroskopie

Bei dieser Methode sehen wir ein dunkles Feld, wenn kein Präparat im Strahlengang liegt. In das Objektiv treten keine direkten Lichtstrahlen ein, sondern nur solche, die durch das Untersuchungsobjekt gestreut werden. Da sich das Licht an den Kanten des Objektes bricht, leuchten diese hell gegen den dunklen Hintergrund auf. Dadurch sind feine, farblose oder kontrastarme Strukturen besser zu sehen als im Hellfeld.
Stärkere Objektive machen einen speziellen *Dunkelfeldkondensor* erforderlich. Für schwache Vergrößerungen bis zum 10fach-Objektiv kann sich jedermann eine Dunkelfeldbeleuchtung auf einfache Weise selbst herstellen: Auf eine zum Filterhalter passende Blau- oder Mattglasscheibe oder auf ein eventuell selbst zurechtgeschnittenes Plexiglasstück malen wir genau in der Mitte einen runden Fleck mit einem Durchmesser von 12 mm oder kleben eine aus Aluminiumfolie oder schwarzem Papier ausgeschnittene Rondelle auf. Mikroskopiert wird mit ganz offener Kondensorblende und viel Licht.

Fotos:

1 Ein Wild-M11-Mikroskop mit drei Objektiven (4-, 10- und 40fach) und einem Gleittisch.

2 Gleiches Mikroskop mit Binokulartubus, einfacher Einsteckbeleuchtung mit Niedervoltglühbirne und Stufentransformator.

3 Wild-M11-Binokularmikroskop mit Kreuztisch und Halogen-Einbaubeleuchtung.

4 Hier wird die Kondensorblende optimal eingestellt (s. Seite 10).

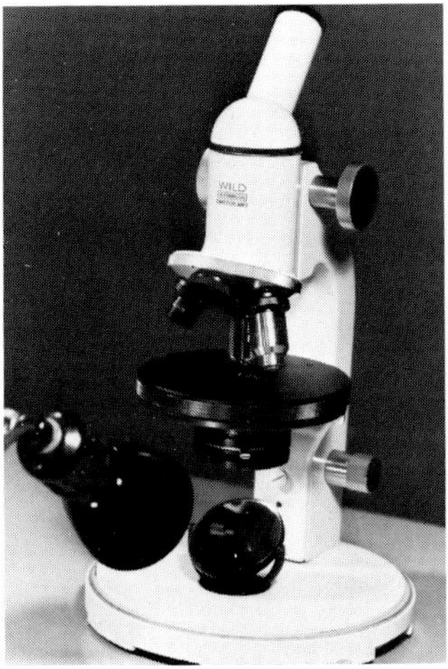

1

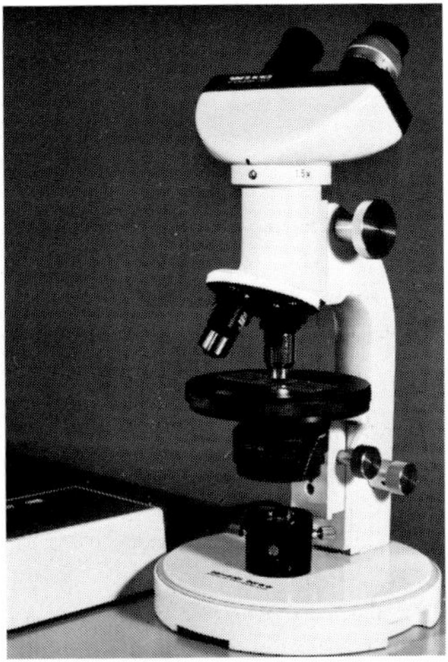

2

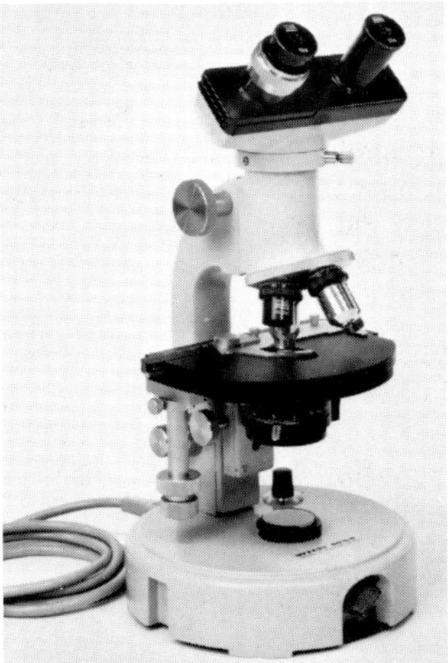

3

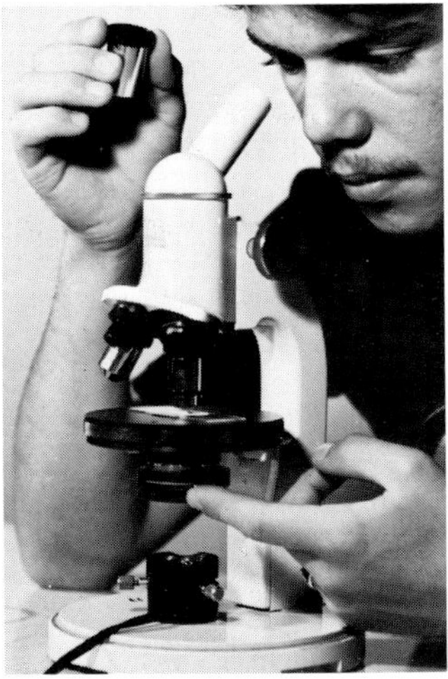

4

Die richtige Bedienung

Das Mikroskop ist ein kostbares Instrument. Wir können seine Qualitäten schonen und optimal ausnützen, wenn wir beim Mikroskopieren in der richtigen Reihenfolge vorgehen.

1. Immer das *mittlere Objektiv* (10fach) einschwenken
2. *Licht einschalten,* Blickfeld optimal ausleuchten.
3. Okular vorübergehend herausnehmen, in den Tubus hineinschauen und *Kondensorblende* optimal einstellen: Die Hinterlinse des Objektivs sollte zu einem Drittel bedeckt sein.
4. Den *Objektträger* auf den Objekttisch legen.
5. Durch Drehen am *Grobtrieb* ein scharfes Bild einstellen.
6. Mit der einen Hand das Präparat verschieben. Die andere stellt ständig an der Mikrometerschraube des *Feintriebes* die Schärfe nach.
7. Die *günstigste Präparatstelle* suchen.
8. Wenn erforderlich, durch Drehen am Revolver ein *stärker vergrößerndes* Objektiv einschwenken. Zur Scharfeinstellung sollte jetzt nur noch der Feintrieb benützt werden.

Unscharfes, vernebeltes Bild

Ist kein scharfes Bild zu erreichen, prüfen wir, ob Deckglas und Objektträger sauber sind oder ob auf der Oberfläche des Deckglases Flüssigkeit liegt. Sind diese Punkte in Ordnung, schauen wir uns die Objektivfrontlinse an und reinigen diese, wenn nötig, indem wir mit einem mit Reinbenzin befeuchteten weichen Tüchlein die Linse ganz vorsichtig abwischen.

Die Ölimmersionstechnik (siehe Fotos)

1 Präparatstelle mit dem stärksten Trockenobjektiv (40fach) in die Mitte des Blickfeldes bringen. Tubus heben, Ölimmersionsobjektiv einrasten und einen Tropfen Immersionsöl auf das Deckglas geben.

2 Vorsichtig, mit seitlicher Kontrolle, Tubus mit dem Grobtrieb senken, bis die Frontlinse des Objektivs mit dem Öl in Kontakt kommt. Erst jetzt durch das Mikroskop schauen und den Tubus langsam (!) mit dem Feintrieb senken, bis ein scharfes Bild erscheint.

3 Nach Gebrauch Öl vom Objektiv entfernen (weicher Leinenlappen, mit Reinbenzin befeuchtet).

4 Ein fertig beschriftetes Präparat.

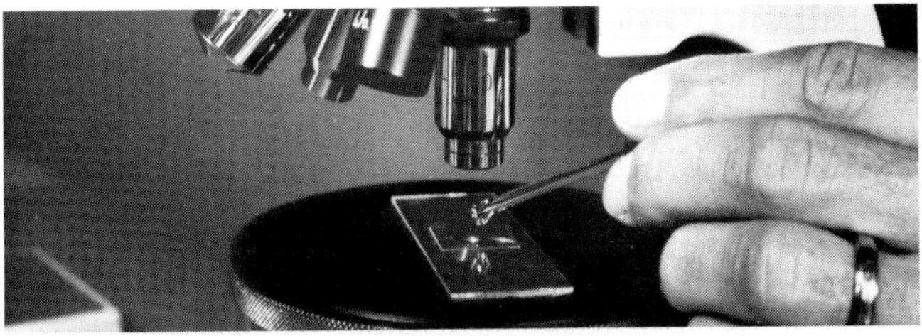

1

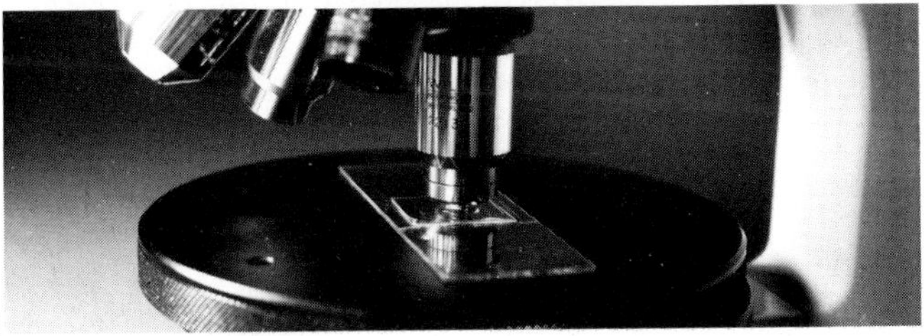

2

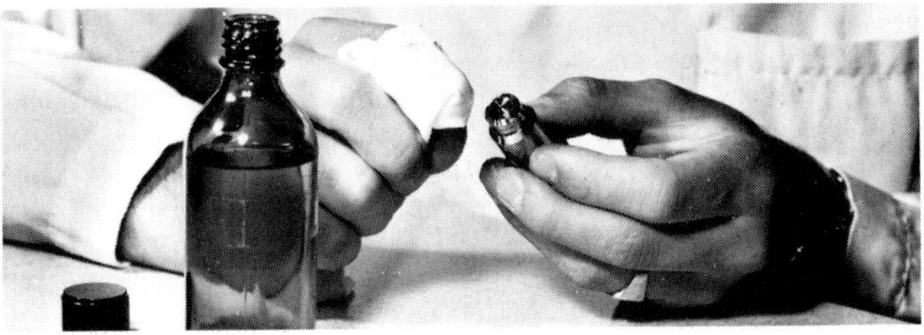

3

96% ALK
EAU DE JAV.
ASTRABLAU
SAFRANIN
EUKITT
23. 9. 77
KASTANIEN
BLATTSTENGEL
QUER

4

Allgemeine Hinweise zur Präparatherstellung

Dieses Kapitel ist eine Einführung in die Herstellung einfacher und komplizierterer Präparate. Als Anfänger halten wir uns zunächst an Objekte, die sich mit wenig Aufwand präparieren lassen, und gehen mit zunehmendem Können zu anspruchsvolleren Präparaten über. Wie die einzelnen Objekte präpariert werden, ist in den folgenden Kapiteln beschrieben.

Objektträger und Deckglas

Als Tragglas für unsere Untersuchungsobjekte dient ein *Objektträger,* eine kleine Glasplatte von 24 × 76 mm mit einer Dicke von 1,1 mm. Fast immer werden die Untersuchungsobjekte in einen Flüssigkeitstropfen gelegt. Um ein gutes mikroskopisches Bild zu erhalten, legen wir ein zweites, dünneres Glasplättchen darüber, ein sogenanntes *Deckglas.* Objektträger und Deckgläser müssen sauber sein; das ist sehr wichtig für die Herstellung einwandfreier Präparate. Wir gewöhnen uns an, die Objektträger und Deckgläser vor dem Gebrauch mit einem weichen Lappen abzuwischen (gut geeignet sind Papiertüchlein und mehrfach gewaschene Taschentücher oder Leinenstücke). Das Auflegen des Deckglases erfordert einige Übung. Lassen wir das Deckglas einfach auf den Flüssigkeitstropfen fallen, schließen wir meist viele Luftblasen mit ein. Wir senken deshalb das Deckglas nur langsam auf unser Präparat ab, eventuell auf eine feine Pinzette oder Präpariernadel gestützt.

Frischpräparate

Unbehandelte Präparate sind in der Regel bloß kurze Zeit haltbar, daß heißt nur für die direkte Beobachtung unmittelbar

Fotos:
1 Aufbringen eines Tropfens auf den Objektträger.
2 Auflegen eines Deckglases: mit Daumen und Zeigefinger an zwei Ecken fassen, schräg auf den Objektträger legen und langsam auf den Objektträger senken.
3, 4 Auflegen eines Deckglases mittels einer Präpariernadel: auf schräg gehaltene Nadel stützen und diese langsam wegziehen.

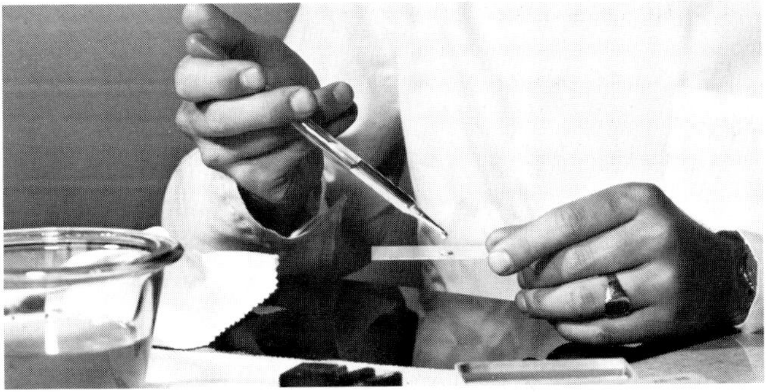
1

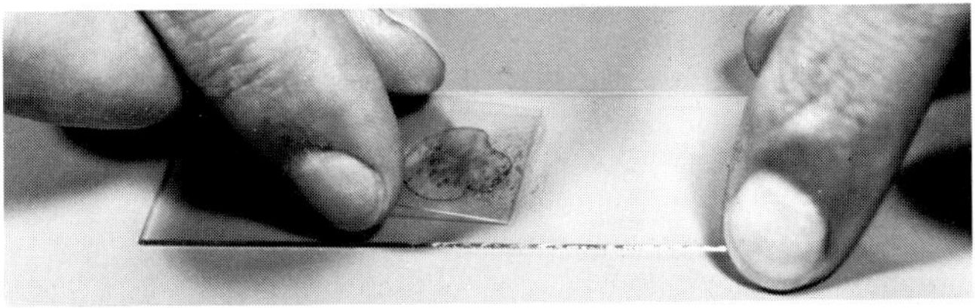
2

3

4

nach ihrer Herstellung geeignet. Man kann sie je nach Objekt in Luft, Wasser, wäßriger Chloralhydratlösung oder Glyzerin einschließen, wobei das aufgelegte Deckglas verschiebbar bleibt. Frischpräparate sind also nur beschränkt transportierbar und lagerfähig. Will man ein Präparat für spätere Beobachtungen aufbewahren, legt man es in eine feuchte Kammer, um ein Austrocknen zu verhindern.

Dauerpräparate

Durch eine spezielle chemische Behandlung, das *Fixieren,* werden die Zellen getötet, und zwar so, daß ihr Strukturbild möglichst wie im Leben erhalten bleibt. Auch die Autolyse (Selbstauflösung durch zelleigene Substanzen) und die bakterielle Zersetzung werden aufgehalten. Zudem werden Bindungsstellen vorbereitet, an die sich später Farbstoffe anlagern können. Weil jedes Fixiermittel giftig ist, sollte man bei dessen Verwendung immer die nötige Vorsicht walten lassen.
Eines der einfachsten *Fixiermittel* ist 4prozentiges Formalin, in dem die Objekte auch aufbewahrt werden können. Fixiergemische dienen dazu, ein besseres Resultat zu erhalten. Als Grundregel gilt, daß vom Fixiermittel immer das 50- bis 100fache des Objektvolumens genommen werden sollte, um eine gute Durchfixierung der Objekte zu erreichen. Nach dem Fixieren waschen wir das überschüssige Fixiermittel aus: bei einem wäßrigen Fixiermittel mit Leitungswasser und bei einem alkoholischen Fixiermittel mit Isopropanol von derselben Konzentration wie das Fixiermittel. Die Herstellung der verschiedenen Fixierlösungen wird auf Seite 88 behandelt.

Die Wahl des Einschlußmittels

Wasserhaltige Objekte oder solche, die nur mit erheblichem Aufwand ohne Schrumpfung entwässert werden können, schließen wir in *Glyzeringelatine* oder in *Sorbitgelatine* ein. Dasselbe gilt auch für alle ungefärbten Objekte, damit wir einen genügenden Kontrast erhalten. Glyzeringelatine nach Kaiser enthält Phenol, was eine bessere Haltbarkeit der Präparate ergibt. Sorbitgelatine enthält ebenfalls Phenol und hat den Vorteil, gewisse Färbungen besser zu konservieren. Sorbitgela-

tine ist im Handel nicht erhältlich, doch kann man sie selbst herstellen oder vom Apotheker herstellen lassen (Rezept auf Seite 91).
Alle von Natur farbigen oder künstlich gefärbten Objekte schließen wir in *Eukitt* ein, wenn sie ohne Schrumpfungen völlig entwässert werden können. Ungefärbte Objekte sollten nicht in Eukitt eingeschlossen werden, weil dessen Brechungsindex 1,5 ungünstig ist, das heißt, die Objekte hätten zu wenig Kontrast. Zu zähflüssiges Eukitt läßt sich mit einer kleinen Xylolzugabe verdünnen.
Objekte mit sehr feinen Strukturen, die sich nicht färben lassen (z. B. Diatomeenschalen), müssen wir zur Kontraststeigerung in ein Einschlußmittel bringen, dessen Brechungsindex von dem des einzuschließenden Objekts möglichst stark abweicht (nach unten oder oben). Am einfachsten ist *Luft* mit dem Brechungsindex 1,0, besser jedoch *Styrax* mit 1,58 oder, für sehr feine Strukturen, *Aroclor* mit 1,67. Zu zähflüssiges Aroclor und Styrax läßt sich mit einer kleinen Xylolzugabe verdünnen.
Polyvinyllactophenol eignet sich besonders gut als Einschlußmittel für kleine Gliedertiere wie Milben und Blattläuse. Aufgrund seines Milchsäurephenolgehaltes hellt es die Objekte sehr schön auf. Es wird jedoch nie vollständig hart, weshalb eine sorgfältige Lagerung der Präparate erforderlich ist.

Objekt	*Einschlußmittel*
Wasserhaltig, ungefärbt	Sorbitgelatine oder Glyzeringelatine n. Kaiser
Schrumpfungsempfindlich, gefärbt	Sorbitgelatine
Von Natur farbig oder gefärbt, schrumpfungsunempfindlich	Eukitt
Ungefärbt mit sehr feinen Strukturen, z. B. Diatomeenschalen	Aroclor oder Styrax
Kleine Arthropoden wie Milben, Zecken, Läuse usw.	Polyvinyllactophenol

Das Einschließen

Wasserverträgliche Einschlußmittel (Glyzeringelatine und Sorbitgelatine) werden durch Erwärmen flüssig. Am besten füllen wir ein kleines Fläschchen von etwa 20 ml Inhalt ungefähr zur Hälfte mit dem Einschlußmittel aus der Vorratsflasche und stellen es zum Verflüssigen in ein Gefäß (Joghurtbecher) mit warmem Boilerwasser. Die benötigte Menge können wir leicht mit einem Glasstab entnehmen.

Widerstandsfähige Objekte wie Pollen, Holz- und Nadelschnitte können wir direkt oder nach einer Glyzerinpassage einschließen. Schrumpfungsempfindlichen Objekten müssen wir den größten Teil des Wassers auf schonende Art entziehen. Gut geeignet auch für empfindliche Objekte ist die stufenlose Entwässerung: Wir lassen eine etwa 1:20 mit destilliertem Wasser verdünnte Glyzerinlösung verdunsten, in die wir das Objekt einlegen. Hat diese Lösung die Zähflüssigkeit von unverdünntem Glyzerin erreicht, können wir das Objekt einschließen. Wir geben dazu eine kleine Menge Einschlußmittel auf den Objektträger, legen das Objekt hinein und schließen mit einem Deckglas ab. Sollte die Gelatine sich nicht mehr gut verteilen, erwärmen wir den Objektträger ganz leicht (elektrische Kochplatte auf schwache Hitze eingestellt, etwa 40° C). Eine Lackumrandung der Präparate ist in unseren Breiten überflüssig.

Fotos:

1 Material zum Handschneiden (Karotteneinklemmtechnik). Von links nach rechts: Lappen zum Reinigen, Objektträger und Deckgläser, Pinzette, Schälchen (Kerzengläser) mit Wasser (eines für die Schnitte, eines für die zu schneidenden Objekte), Rasierklingen, Messer, Sammelgefäße mit den fixierten Objekten.

2 Färbesatz für Holz-Zellulose-Färbung mit Entwässerungsreihe. Von rechts nach links: Schälchen mit Schnitten, Pinzette, Joghurtbecher mit Wasser zum Auswaschen, Glasauffangwanne mit einem aufgelegten Objektträger und je einem Farblösungstropfen von Astrablau und Safranin, Schälchen mit der Entwässerungsreihe — Cellosolve, Terpineol und Xylol I und II.

3 Detailaufnahme der «Farbpalette». Mit einer Pinzette werden die Schnitte übertragen.

1

2

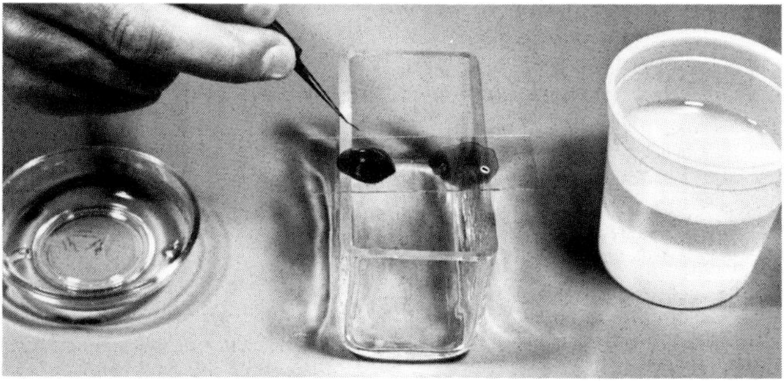

3

Nicht wasserverträgliche Einschlußmittel (z. B. Eukitt) erlauben die Herstellung praktisch unbegrenzt haltbarer Dauerpräparate. Es empfiehlt sich, eine kleinere Menge Eukitt aus der Vorratsflasche in ein kleines Schnappdeckelgläschen (etwa 20 ml Inhalt) abzufüllen. Diesem entnehmen wir mittels eines kleinen Glasstabes die benötigte Menge an Einschlußmittel. Es ist ratsam, das Einschlußmittel sparsam zu verwenden und bei Objekten, die sich aufwölben, das Deckglas zu beschweren oder mittels eines Reagenzglashalters oder einer hölzernen Wäscheklammer festzuklemmen, bis sich das Einschlußmittel erhärtet hat.
Eukitt verlangt eine absolut vollständige Entwässerung, da sonst Trübungen im Präparat auftreten. Entwässern können wir über steigende Alkoholstufenkonzentrationen oder, noch besser und schonender, indem wir über reine Cellosolve (Äthylenglykolmonoäthyläther) mit einer Zwischenstufe von Terpineol gehen. Zum Klären und Aufhellen der Präparate folgen eine oder zwei Xylolpassagen und dann der Einschluß. Das noch xylolfeuchte Objekt wird in einen kleinen Tropfen Eukitt auf dem Objektträger gegeben. Dabei sollte möglichst wenig Xylol eingeschleppt werden. Dann schließen wir mit einem Deckglas ab, das wir eventuell festklemmen, bis das Eukitt erhärtet ist.

Beschriften

Alle wichtigen Präparationsangaben, wie Fixierung, Färbung, Entwässerung, Einschlußmittel und das Datum, sollten wir auf ein Etikett notieren und dieses links auf den Objektträger kleben. Rechts wird ein zweites Etikett aufgeklebt, versehen mit dem Namen des Objektes, dem Ort und Datum des Fundes.

Fotos: Handschneiden von Holz
1 Angeschnittenes Stammstück: Q = Querschnitt, R = Radialschnitt, T = Tangentialschnitt.
2, 3 Handhabung der Rasierklinge beim Schneiden. Mit einer ziehenden Bewegung gegen den Körper hin möglichst dünne Scheiben abschneiden.

1

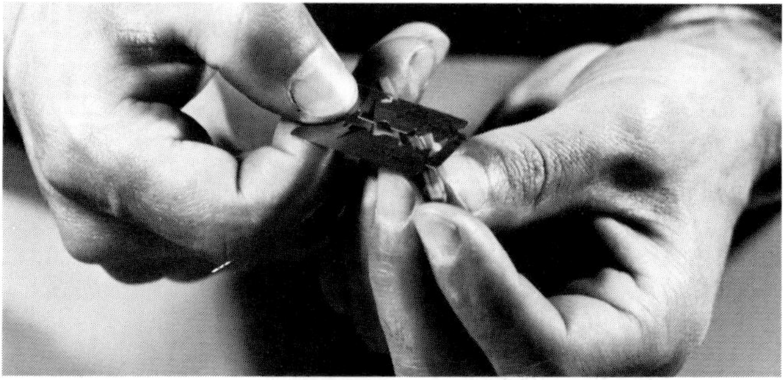
2

3

Das Schneiden
Wenn wir den inneren Bau bei größeren Objekten untersuchen wollen, müssen wir diese in möglichst dünne Scheibchen zerschneiden. Wissenschaftliche Laboratorien verwenden dazu ein sogenanntes Mikrotom; doch auch von Hand lassen sich brauchbare Schnitte herstellen. Dazu sind besonders solche Objekte geeignet, die schon von ihrem Aufbau her eine gewisse Festigkeit besitzen, wie die Nadeln der Nadelbäume, Stechpalmenblätter oder festere Stengel und natürlich auch Holz in Form kleiner Ästchen. Ganz weiche Objekte können wir härten, indem wir sie einige Tage lang in Alkohol (Äthanol) einlegen. Meistens wird sich das erübrigen, ausgenommen bei tierischem Organmaterial, das immer in Alkohol gehärtet werden muß, um genügend fest und damit von Hand schneidbar zu werden. Rasierklingen eignen sich hervorragend, auch um dünne Schnitte herzustellen. Zum Anschneiden einer geraden Schnittfläche genügt eine gebrauchte Klinge, zur Herstellung schöner Schnitte ist aber eine neue, gereinigte Klinge zu empfehlen.

Einklemmtechnik
Bei allen Objekten, die zu klein sind, um direkt in der Hand gehalten werden zu können, behelfen wir uns zur Schnittflächenvergrößerung und Festigkeitserhöhung mit Karotten: Wir halbieren ein geeignetes Stückchen und versehen die eine Hälfte mit einer kleinen Kerbe, in die beispielsweise eine Tannennadel gerade hineinpaßt. Zwischen den beiden Karottenstückchen wird das Objekt festgehalten und geschnitten.
Zuerst schneiden wir eine gerade Fläche, legen dann die Klinge kurz vor dem Objekt auf die Karottenfläche und versuchen mit einer ziehenden Bewegung möglichst dünne Scheibchen abzuschneiden. Wir tauchen einen Finger in eine bereitgestellte

Fotos: Handschneiden mit Karotten-Einklemmtechnik
1 Beide Arme für eine ruhigere Haltung auf den Tisch aufstützen.
2 Zwischen zwei Karottenstücken ist ein Blattstück eingeklemmt.
3, 4 Schneiden einer Kiefernadel. Mit einer ziehenden Bewegung der Rasierklinge werden Schnitte hergestellt.

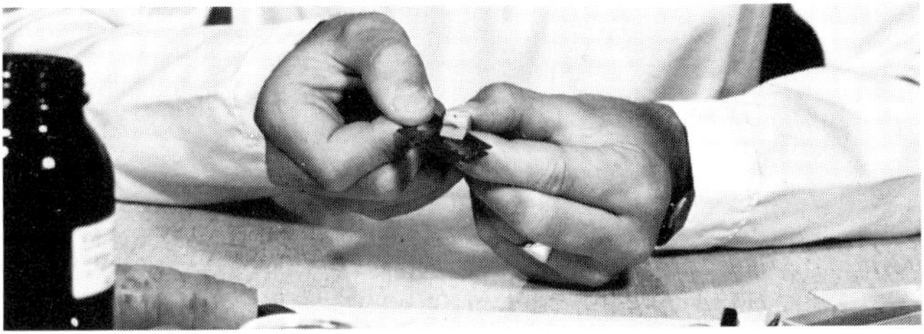
1

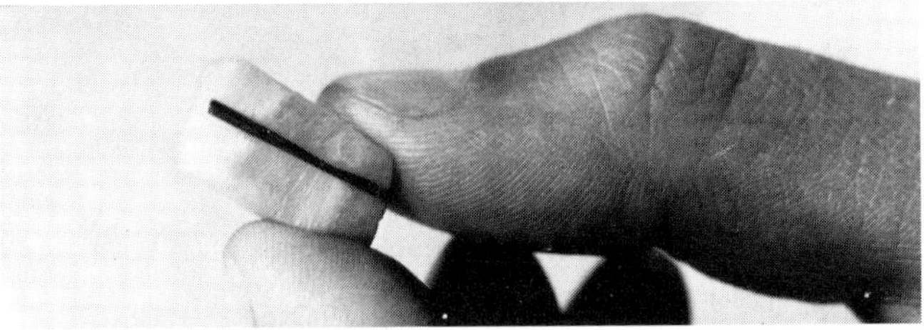
2

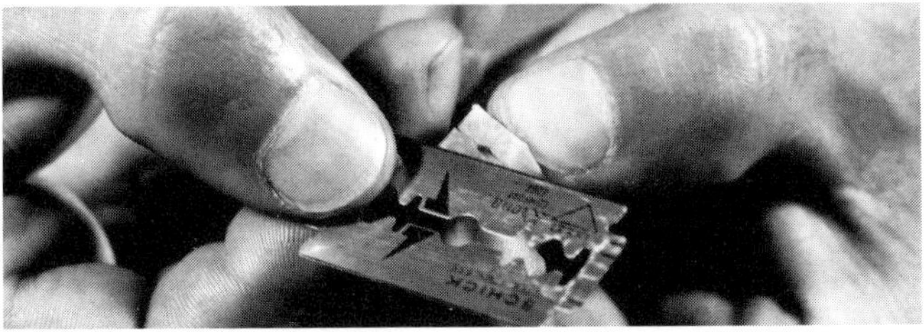
3

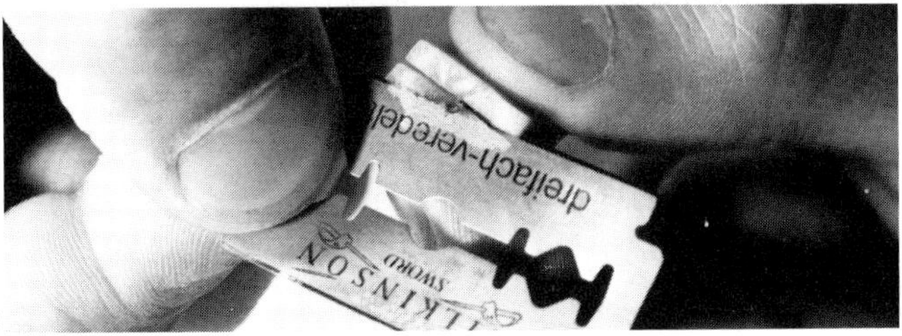
4

Schale mit Leitungswasser und streichen mit dem angefeuchteten Finger über die Rasierklinge. Der Schnitt bleibt am feuchten Finger kleben. Um ihn abzulösen, tauchen wir den Finger erneut in die Wasserschale. Wir stellen möglichst viele Schnitte her. Gut brauchbar sind solche, die nicht über die ganze Schnittfläche gehen, sondern keilförmig auslaufen. Dann entfernen wir zuerst die unerwünschten Karottenscheibchen mit einer Pinzette und suchen uns die dünnsten Schnitte heraus. Die zu dick geratenen werfen wir fort, da sie sich zur mikroskopischen Untersuchung nicht eignen.

Das Minimumfilterverfahren nach Schmelzer
Dieses Verfahren ist hervorragend geeignet, um kleine Objekte wie Algen zu färben und zu Dauerpräparaten weiterzuverarbeiten. Das gesammelte und gegebenenfalls von groben Verunreinigungen befreite Material füllen wir in einen Papierfaltenfilter und binden ihn oben mit einer Kunststoffschnur oder einem Faden zu. Die Fixierung, Auswaschung und Färbung kann im gleichen Säckchen blind durchgeführt werden.

Die feuchte Kammer
Damit wir ein im Wasser eingeschlossenes Präparat auch nach Stunden oder einem Tag noch untersuchen können, legen wir es in eine feuchte Kammer, um es vor dem Austrocknen zu schützen. Wir geben in eine Petrischale oder eine Plastikdose mit Überfalldeckel zwei Glasstäbe oder ähnliches, legen das Präparat darauf und füllen das Gefäß mit Wasser bis unterhalb des Objektträgers auf. In der so befeuchteten Luft verdunstet das Präparatwasser nur sehr langsam.

Fotos: Minimumfilterverfahren nach Schmelzer
1 Material aus dem Probegefäß mit einer Pipette in den Faltenfilter geben.
2 Filter zuschnüren, Material fixieren und färben.
Filtereinrichtung
3 PVC-Rohrstück mit erweitertem (durch Wärme) kleinem Überwurfring und Nylonnetz von beliebiger Maschenweite.
4 Fertige Filtereinrichtung für Wasserorganismenproben.

1

2

3

4

Ungefärbte Frischpräparate

Viele Objekte lassen sich ohne großen Präparationsaufwand direkt im Mikroskop betrachten. Diese Methode hat den großen Vorteil, daß wir die Objekte im Naturzustand studieren können. Besonders faszinierend ist die Beobachtung lebender Organismen.

Schuppenflügel
Trockenpräparat
Geeignete Objekte: Schmetterlinge, Nachtfalter, Motten usw. Schuppen sind Hohlgebilde, die aus zwei durch Säulchen miteinander verbundenen Lamellen bestehen. Sie sind beweglich an der Ober- und der Unterflügelseite befestigt. Die Färbung und Zeichnung der Flügel kommt durch die Verteilung der verschieden gestalteten und gefärbten Schuppen zustande. Man unterscheidet Pigment- und Strukturfarben. Die Pigmentfarben stammen von den verschiedenen in den Schuppen abgelagerten Farbstoffen; die Strukturfarben sind Schillerfarben, bedingt durch Lichtbrechung an den feinsten Schichten, der sogenannten Kutikula, auf der Ober- oder teilweise Unterseite der Schillerschuppen. Auch Duftschuppen kommen vor; durch Poren an ihrem verzweigten Ende entweichen Duftstoffe aus Drüsenzellen, die mit den Duftschuppen verbunden sind.

Präparation
Einen Flügel, eventuell zerkleinert, auf den Objektträger legen und bei schwacher Vergrößerung im Mikroskop betrachten. Hier muß von der Seite mit einer Spotlampe beleuchtet werden (Auflicht). Nur so kommt die Farbe der Schuppen zur Geltung. Um einzelne Schuppen zu lösen, tupfen wir den Flügel auf

Fotos: Schuppen und Haare
1, 2 Verschiedene Schuppentypen eines Schwärmers (Objektive 25× bzw. 10x)
3 Meerschweinchenhaar mit stark schuppiger Oberfläche (Obj. 25×)
4 Haare der Fledermaus, sehr fein mit dichter Pigmenteinlagerung (Objektiv 40×)

1

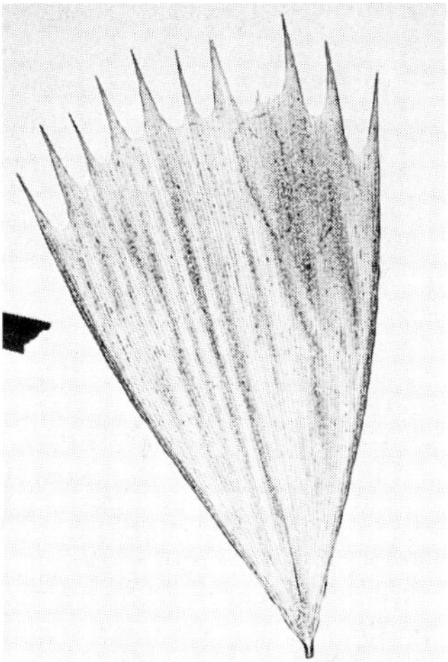
2

3

4

einen Objektträger. Dabei bleiben die Schuppen auf dem Glas haften, und wir können sie trocken im Auflicht oder in Wasser eingeschlossen im Durchlicht betrachten.
Für die sehr einfache Dauerpräparatherstellung von Objekten mit Strukturfarben siehe Seite 45.

Federn
Trockenpräparat
Geeignete Objekte: Wellensittich, Papagei, Eichelhäher usw.
Federn bilden sich in einer Federpapille, die in die Haut eingesenkt ist. Die Federteile, umhüllt von einer Federscheide, entstehen auf komplizierte Weise aus Hornmaterial (Keratin). Über der Hautoberfläche bricht die Federscheide ab, und die Feder entfaltet sich. Sie besteht aus einem Haupt- und einem Nebenschaft. Die Schäfte tragen beiderseitig primäre Äste (Rami) und diese wiederum sekundäre Äste (Radii). Die Radii der Kontur-, Schwung- und Steuerfedern sind zu Häkchen und Bogenstrahlen umgebildet, die sich ineinanderhaken und so die zusammenhängende Federfahne bilden. Flaum- und Fadenfedern fehlt eine solche Fahne, da sie nur der Wärmeisolation dienen. Bei den Federfarben unterscheiden wir echte Farbstoffe (schwarze und braune aus Melanin, gelbe und rote aus Karotinoiden) und Strukturfarben. Blau-, Grün-, Violett-, Glanz- und Schillerfarben beruhen mit ganz wenigen Ausnahmen auf Lichtbrechung. Die fertige Feder ist ein totes Gebilde, das sich mit der Zeit abnützt und bei den meisten Vögeln ein- bis zweimal im Jahr gewechselt wird. Die neue Feder wächst aus einer neuen Papille nach und stößt die alte Feder fort.
Solche verlorene Federn können wir sammeln und im Mikroskop betrachten, schön gefärbte Exemplare am besten im Auflicht. Für Flaumfedern genügt Durchlicht. (Siehe auch Seite 45.)

Fotos: Wasserflöhe, Blattfußkrebse
1 Daphnia pulex mit Eiern im Brutraum (Objektiv 10 ×)
2 Daphnia pulex mit Ephippium (Schutzkammer für Dauereier) (Objektiv 4 ×)
3 Simocephalus vetulus mit jungen Tieren im Brutraum
4 Alona quadrangularis (Objektive 10 ×).

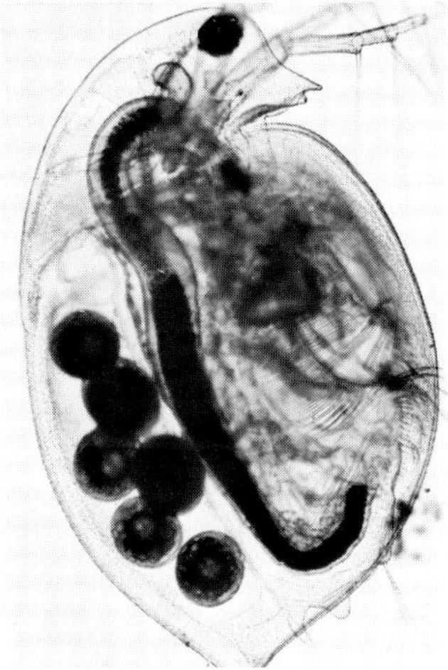

1

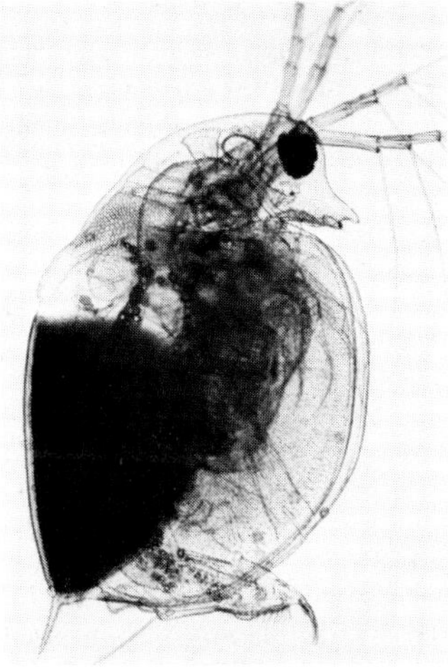

2

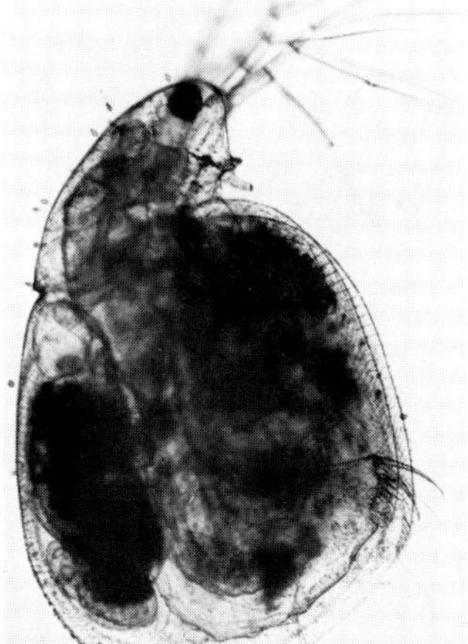

3

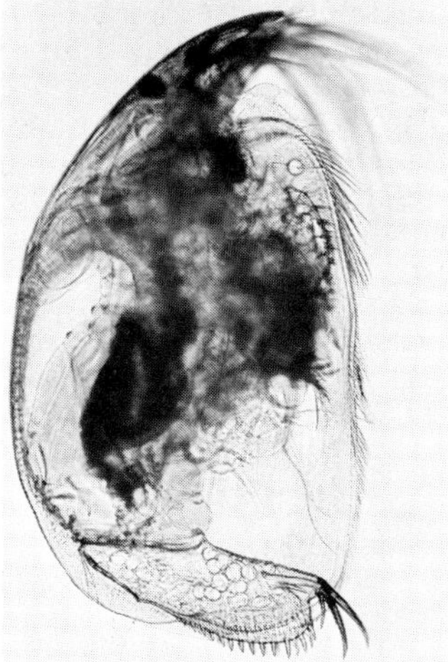

4

Haare

Wassereinschluß

Geeignete Objekte: Mensch, Maus, Meerschweinchen, Reh, Kuh, Fledermaus usw.

Das einfachste Objekt ist ein Haar, das wir uns selbst ausreißen, auf einen Objektträger in einen Tropfen Leitungswasser legen und mit einem Deckglas bedecken.

Der Durchmesser des menschlichen Haares liegt zwischen 0,07 und 0,15 mm, die Zahl der Kopfhaare zwischen rund 90 000 und 150 000. Haare bestehen meist aus drei Schichten: Oberhäutchen, Rinde und Mark. Aufgebaut werden sie in der Haarwurzel aus Epithelzellen, die mit Annäherung an die Hautoberfläche absterben und verhornen. Die Rinde bildet die Hauptmasse des Haares mit verstreut eingelagerten körnigen Pigmenten und fein verteilten Luftblasen. Zusammen bestimmen sie die Farbe des Haares. Die unterschiedlichen Haaroberflächenformen sind für gewisse Tierarten kennzeichnend. Bei Fledermäusen weisen die Haare gattungs- oder sogar artspezifisch strukturierte Rindenschichten auf.

Wasserorganismen

Die ungeheure Vielfalt der Lebewesen in Tümpeln setzt uns immer wieder in Erstaunen. Jede Untersuchung bringt neue Formen zutage, die zu weiterem begeistertem Suchen anspornen: in einem kleinen Gartentümpel, im Aquarium, einem Waldtümpel, einem Moor, im Altwasser eines Flusses, im Fluß selbst oder in einem See. Besonders reichhaltig wird unsere Ausbeute in Tümpeln sein, die in einer Geländesenke liegen und durch

Fotos: Wasserorganismen

1 Rädertiere (Philodina megalotrocha). Zwei Tiere, auf Algenfaden festsitzend, mit geöffneten Wimperscheiben. Oberes Tier mit Ei (Objektiv 10 ×)

2 Hüpferlingweibchen (Cyclops) mit zwei Eipaketen (Objektiv 10 ×)

3 Wimpertier, Paramecium bursaria, mit eingelagerten symbiotischen Grünalgen (Objektiv 25 ×)

4 Kontraktile Vakuole eines Wimpertieres. Die zuführenden Kanäle strahlen in das umliegende Cytoplasma aus (Objektiv 40 ×)

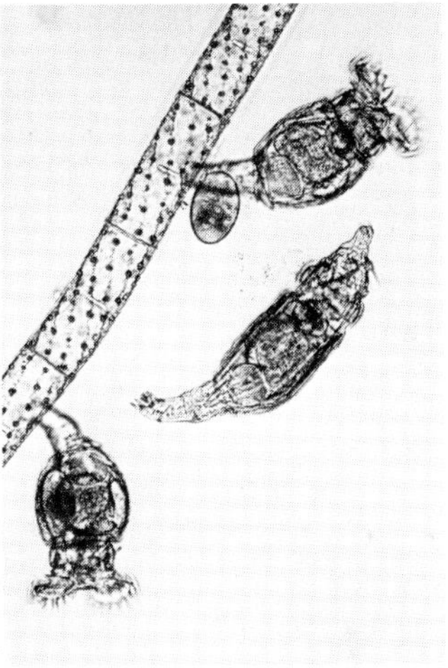
1

2

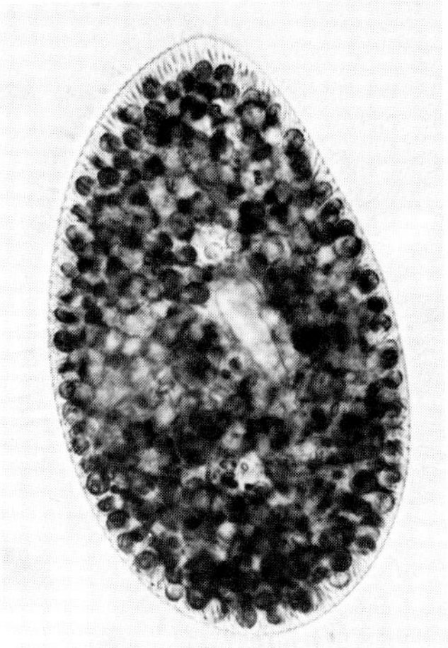
3

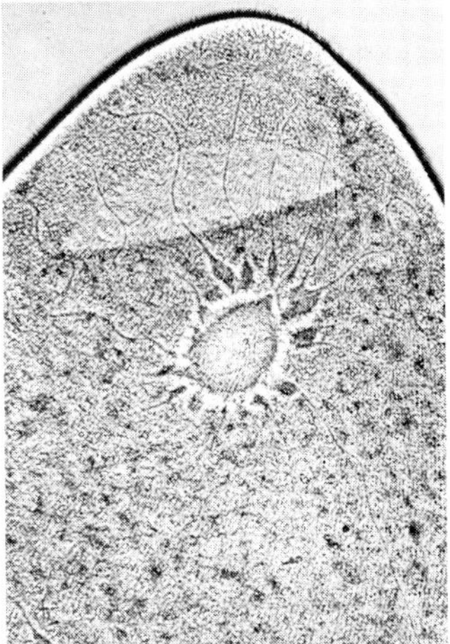
4

landwirtschaftliche Düngung zusätzliche Nährstoffe zugeführt bekommen, oder in einem See, der durch menschliche Einwirkung zu einer übermäßigen Produktion angeregt wird. Der Jahresablauf im Wasser zeigt sich in einem fortlaufenden Wechsel der Organismen in der Lebensgemeinschaft, bedingt durch Faktoren wie Temperatur, Licht, Nährsalz- und Futterangebot.

Sammeln

Als Sammelgefäße eignen sich Konfitürengläser und Fruchtsaftflaschen mit Schraubdeckelverschluß. Wir sollten nie zuviel in einen Behälter geben und ihn nicht randvoll füllen. Bei längerem Transport vermeiden wir eine schädliche Erwärmung, und zu Hause stellen wir das Glas gegebenenfalls in den Kühlschrank, schrauben den Deckel ab, um den Gasaustausch sicherzustellen, und untersuchen die Objekte möglichst bald. Aufwuchsorganismen gewinnen wir durch Abkratzen der Beläge auf Steinen und Wasserpflanzen. Wasserpflanzen aller Art — wie etwa untergetauchte Moose, Algenwatte, halbzersetzte Blätter — werden mit den Händen ausgepreßt, und nur das abfließende Wasser wird aufgefangen. Etwas Algenwatte und zersetztes Pflanzenmaterial nehmen wir aber in ein wenig Tümpelwasser mit. In Schlammproben finden wir Amöben, Bakterien und Zuckmückenlarven.

Im Wasser schwebende Organismen (Plankton), wie Wasserflöhe, Ruderfußkrebse, Choretralarven usw., fangen wir mit einem feinen Teesieb, das wir durch das Wasser ziehen. Diese Methode eignet sich nur, wenn gut sichtbare Mengen dieser Organismen vorhanden sind, etwa am Rand eines Tümpels oder Sees. Andernfalls muß mit einem Planktonnetz ein größeres Volumen Wasser filtriert werden.

Kleinere Organismen, besonders in größeren Tümpeln, Seen und Flüssen, fangen wir mit Planktonnetzen verschiedener Ma-

Fotos: Wasserorganismen

1 Trompetentierchen, Stentor (Objektiv 10×)
2 Kieselalge, Diatoma vulgare (Objektiv 40×)
3 Fadenwurm (Objektiv 10×)
4 Bauchhärling (Objektiv 25×)

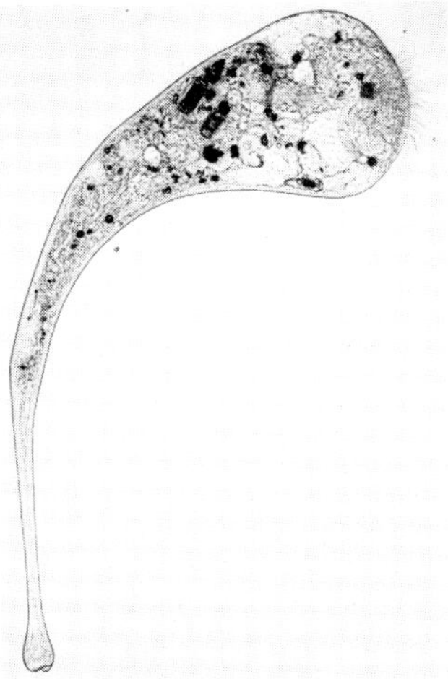
1

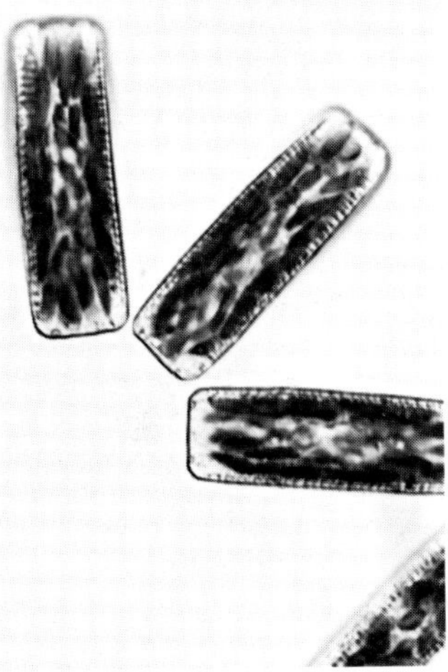
2

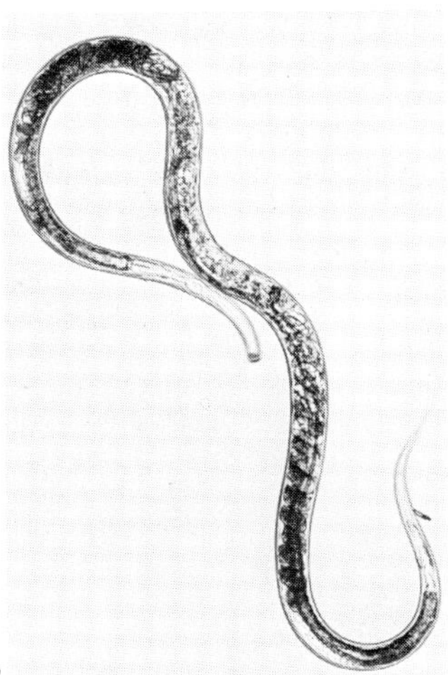
3

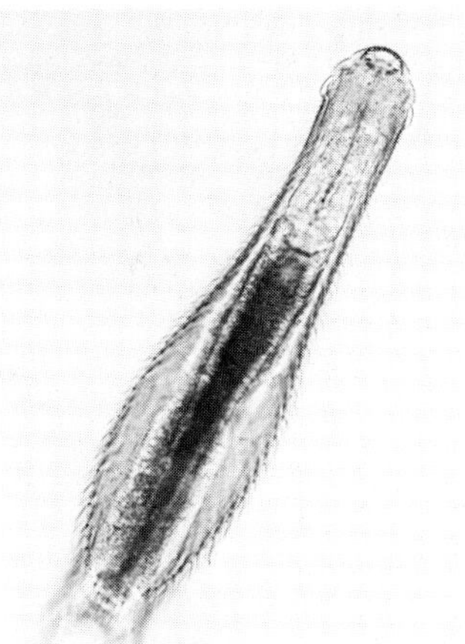
4

schengröße, die wir an einem Stock oder einer Angelrute durchs Wasser ziehen. Wir können das Wasser auch direkt in ein Glas nehmen und zur Anreicherung einige Stunden sedimentieren lassen.

Mikroskopische Untersuchung
Die Präparatherstellung ist sehr einfach: mittels einer mit Gummihütchen versehenen Pipette vom Grund des Sammelgefäßes etwas Wasser und Bodensatz ansaugen, eine kleine Probe auf einen bereitliegenden Objektträger auftragen und ein Deckglas darauflegen. Bei größeren Organismen – Wasserflöhen, großen Rädertierchen usw. – sollten wir durch Auflageflächen verhindern, daß die Tiere durch das Deckglas zerdrückt werden. Am einfachsten ist es, eine kleine Menge Auflagewachs auf jede Ecke der Deckglasunterseite zu geben, indem man mit den Deckglasecken über die geglättete Oberfläche des Auflagewachses streicht. Diese Methode bietet den Vorteil, daß die «Wachsfüßchen» je nach Bedarf durch leichten Druck auf das Deckglas verkleinert werden können, etwa um ein Tierchen gerade einzuklemmen. (Für die Auflagewachsherstellung siehe Seite 91.) Eine andere Variante sind die Hohlschliffobjektträger. Als dritte Möglichkeit kommen dünn ausgezogene Glasstäbe oder Glasröhrchen als Auflagefläche für das Deckglas in Betracht. Die Bestimmung der Organismen sollte am frischen, lebenden Material versucht werden. Für Bestimmungsliteratur siehe Literaturhinweise.

Plasmaströmung
In vielen Zelltypen, besonders deutlich bei Pflanzen, ist eine Bewegung des Plasmas zu beobachten. Diese Plasmaströmung dient dem Transport von Substanzen und Strukturen innerhalb der Zelle. Das Plasma bewegt sich 0,2 bis 0,6 mm pro Minute. Mit dem strömenden Plasma wird der Kern manchmal umgelagert. Auch die Blattgrünkörner, die Chloroplasten, können als

Fotos: Zieralgen (S. 28f.)
1 Micrasterias crux-melitensis (Objektiv 40 ×)
2 Micrasterias rotata (Objektiv 25 ×)

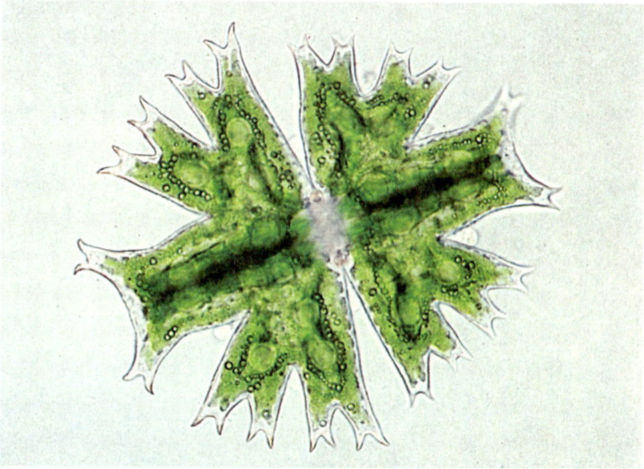

1

2

Reaktion auf verschiedene Reize (vor allem Licht) bewegt werden.
Geeignete Objekte sind die Staubfadenhaare der Blüten von Tradescantia (Dreimasterblume) oder Zebrina (Ampelkraut), Haare der Blattbasis von Tradescantia oder Brennhaare der Brennessel.

Mikroskopische Untersuchung
Die Staubfadenhaare, perlenkettenförmig aneinandergereihte Zellen, entnehmen wir größeren Blütenknospen oder frischen Blüten.
Einen Objektträger mit einem Leitungswassertropfen bereitstellen und mit einer feinen Pinzette der Blüte einige Staubfadenhaare entnehmen, in den Wassertropfen legen und mit einem Deckglas abschließen. Zur Kontrasterhöhung etwas mehr abblenden.

Tierische Organe
Um frisches Gewebe unter dem Mikroskop betrachten zu können, müssen wir es schonend auflösen (mazerieren) und anschließend quetschen. Die Zellen werden dabei nicht zerstört, sondern lediglich etwas erweicht, und ihre Kerne bleiben erhalten.
Geeignete Organe sind Niere, Lunge, Darm, Hoden und Zunge einer Maus oder eines größeren Tieres.

Präparation
Größere Organe zerkleinern, kleinere (Maus) können ganz verarbeitet werden. Organe oder Organstücke in 10prozentige Weinsäure legen, bei Zimmertemperatur etwa 12 Stunden bis 1 Tag, eventuell länger.

Fotos: Plasmaströmung (S. 32)
1 Blattbasishaar der Tradescantia. Zellkern mit Plasmaschlaufen
2 Staubfadenhaarzellen von Tradescantia (Objektive 25×)
Zeichnung (schematisch): links junge, Mitte alte pflanzliche Zelle, rechts tierische Zelle

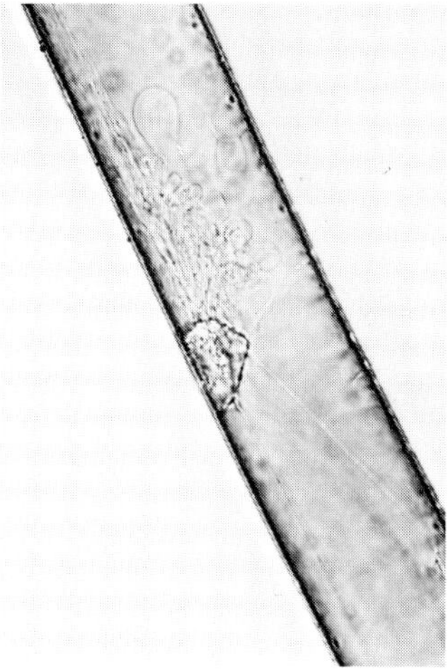

1

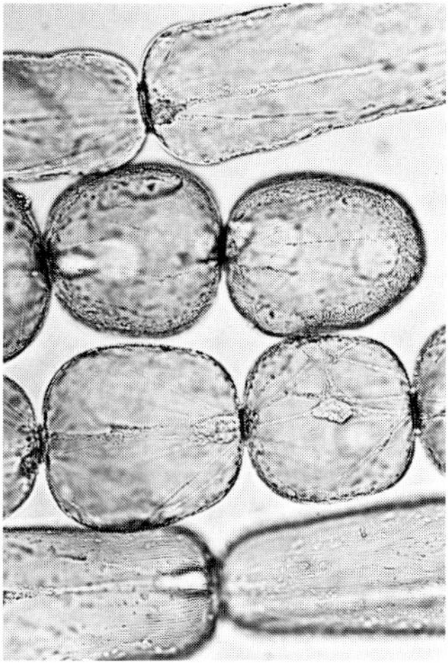

2

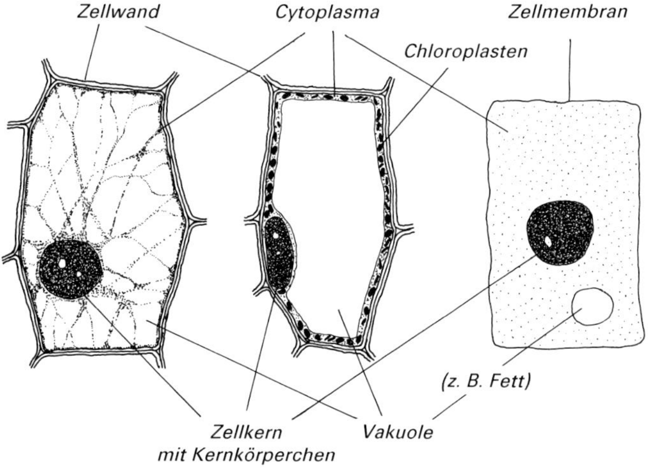
Zellwand
Cytoplasma
Zellmembran
Chloroplasten
(z. B. Fett)
Zellkern
mit Kernkörperchen
Vakuole

Einen Tropfen Leitungswasser auf den Objektträger geben. Mit einer feinen Pinzette ein kleines Organstück (1 mm^3) beifügen. Deckglas auflegen und mit leichtem Druck das Gewebestück zu einer dünnen Schicht quetschen.
Bei der Zunge ist eine Mazerationsdauer von etwa 3 Tagen und beim Quetschen ein stärkerer Druck erforderlich.

Erkennbare Strukturen
Die grundlegenden Kenntnisse über Bau und Funktion der inneren Organe müssen hier vorausgesetzt werden.
Niere: Nierenkanälchen, dazwischen verteilt Nierenkörperchen, manchmal mit zuführenden Blutkapillaren.
Hoden: Samenkanälchen, möglicherweise mit Spermien.
Darm: Ausstülpungen der Darmwand (Zotten), Bakterien der Darmflora.
Lunge: Stützgewebe der Bläschen aus elastischen Fasern.
Zunge: Quergestreifte Muskulatur, Oberfläche mit Ausstülpungen (Papillen) und Geschmacksknospen, Nervenfasern.

Fotos: Mazerationspräparate von Organen der Maus
1 Hodenkanälchen mit den Kernen des Keimepithels und, in der Mitte, den länglichen Spermienkernen
2 Zotten des Darms. Kerne des hochprismatischen Epithels, einige in Teilung begriffen
3 Zunge mit quergestreiften Muskelfasern und bandförmig geschlungenen Nervenfasern
4 Lunge mit Bindegewebefasern
5 Nierenkörperchen mit Arterie (A), Kapillare (K), Glomerulum (G) und Tubulus (T) (Objektive 25×)

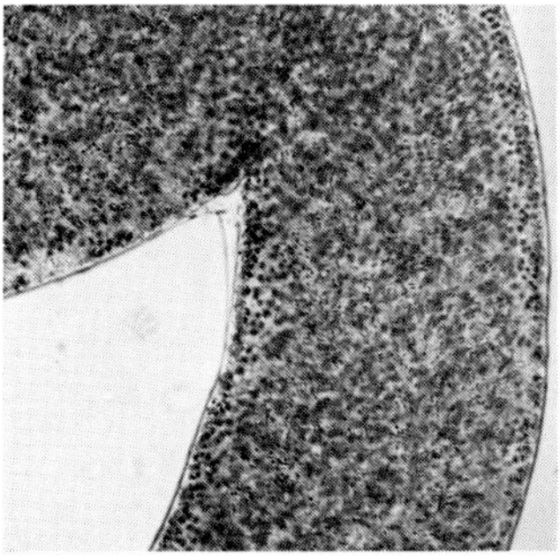

1

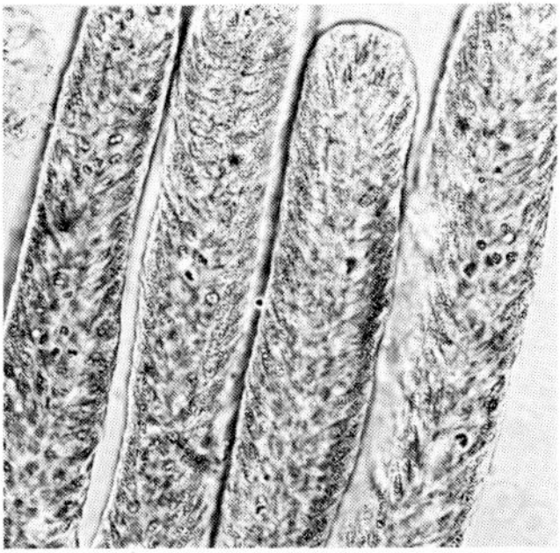

2

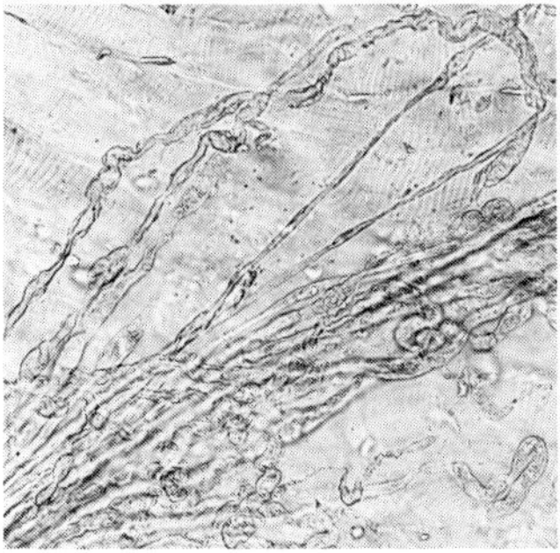

3

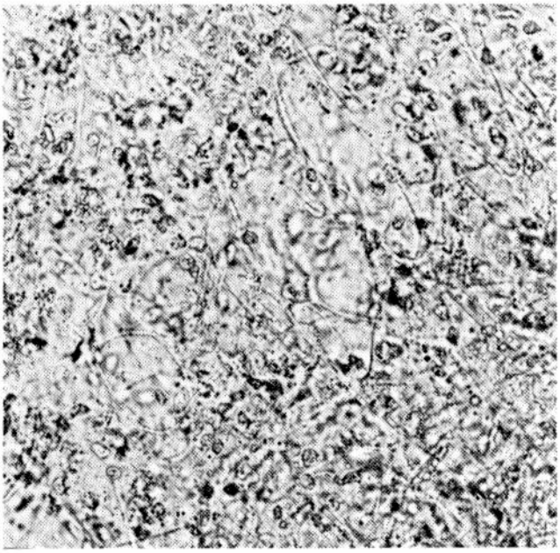

4

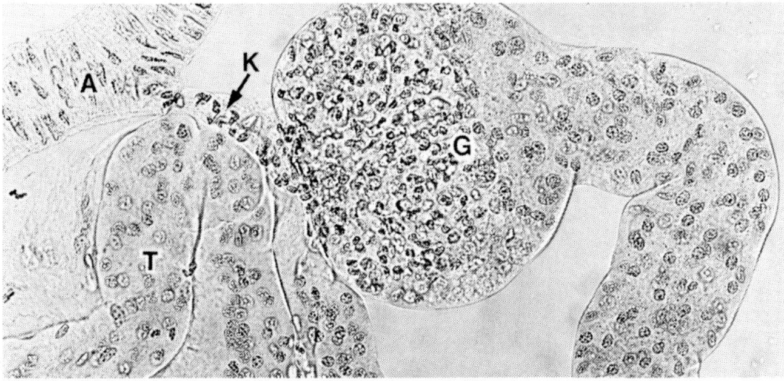

5

Gefärbte Frischpräparate

Nicht immer treten die Strukturen, die wir im Mikroskop gern sehen möchten, deutlich genug hervor. Um einen besseren Kontrast zu erhalten und die einzelnen Zellbestandteile besser voneinander unterscheiden zu können, färben wir unsere Präparate. Dabei werden die einzelnen Bestandteile der Farblösung chemisch an die verschiedenen Strukturen der Zelle gebunden und färben diese unterschiedlich an. Die Rezepte für die Farblösungen sind auf Seite 89ff. zu finden.

Zwiebelhäutchen
Von einer Zwiebel schneiden wir einen Keil heraus und ziehen von der inneren Seite eines einzelnen Lamellenstückes mit einer feinen Pinzette das Häutchen ab. Dieses Abschlußgewebe, das aus einer einzigen Zellschicht besteht, läßt sich gut von einem Einschnitt aus abziehen, den man quer durch die Lamelle gemacht hat. Wir können uns das Häutchen in einem Wassertropfen direkt ansehen, oder wir färben es nach der untenstehenden Methode.

Färbung
Fixieren in 70prozentigem Äthanol (10 Min.) – Färben in Pianesegemisch (2 Min.) – Einschließen in Glyzerin, 1:20 verdünnt mit Wasser.
Die Kerne werden blauviolett, die Kernkörperchen rot, die Zellwände in Aufsicht hellgrünlich und die Plasmastränge je nach dem Zustand der Zellen rötlich bis bläulichviolett angefärbt (Abb. Seite 65).

Holzstoffnachweis
Eine der wichtigsten Veränderungen der Zellwand ist die Verholzung. Sie verringert die Dehnbarkeit der Zellwände und erhöht deren Druckfestigkeit und Starrheit, ohne die Durchlässig-

Fotos: Grün- und Blaualgen
1 Grünalgenkolonie, Pediastrum boryanum (Objektiv 40 ×)
2 Blaualgenkolonie, Nostoc coeruleum (Objektiv 25 ×)

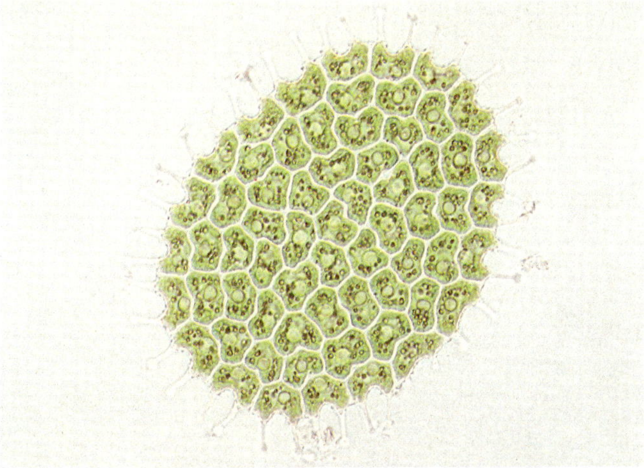

1

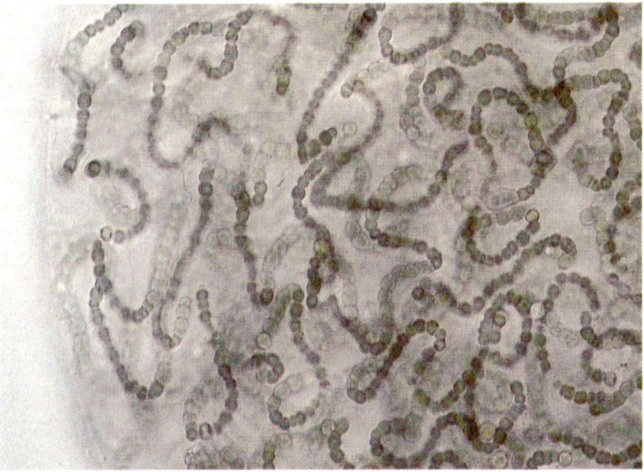

2

keit für Wasser und gelöste Salze zu unterbinden. Verholzung erfolgt durch Einlagerung von Holzstoff (Lignin) in die Zellulosefasern der nachher meist aufgequollenen Zellwände. Aus Holz wird für die Papierherstellung Zellstoff gewonnen, indem das Lignin unter Druck mit Natronlauge oder Kalziumbisulfit aufgelöst wird. Mit einer sehr einfachen, zuverlässigen Methode können wir frisches Material auf seinen Holzstoffgehalt prüfen.
Geeignete Objekte sind verschiedene Papiersorten sowie alle Handschnitte von Pflanzenmaterial, Blättern, Stengeln und Wurzeln.

Färbung
Material in Phloroglucinlösung einlegen (1 Min.) — Überführen in 25prozentige Salzsäure (2 Min.), Vorsicht! — Auf Objektträger einen Tropfen Gemisch aus 45prozentigem Eisessig und Glyzerin 1:1 geben — Material hineinlegen und mit einem Deckglas abschließen.
Verholzte Zellwände werden kräftig violettrot angefärbt. Die Färbung ist nur wenige Stunden haltbar. (Abb. Seite 69)

Muskel-Zupfpräparat
In der Muskulatur höherer Tiere lassen sich glatte und quergestreifte Zellen unterscheiden. Glatte Muskelzellen finden wir in Blutgefäßen, Darm, Harnblase, Luftwegen usw.; sie werden durch vegetative Nervenfasern gesteuert, deren Tätigkeit durch den Willen meist nicht beeinflußt werden kann. Quergestreifte Zellen finden sich im Herzmuskel (auch er ist vegetativ gesteuert) und in sämtlichen Muskeln des Rumpfes und der Gliedmaßen, die der willkürlichen Kontrolle unterstehen.
Die Fähigkeit der Muskelzellen, sich zusammenzuziehen, beruht auf einem hochspezialisierten, längsgerichteten System von Eiweißfasern (Aktin- und Myosinfilamente), die bei der Kontraktion ineinandergleiten. Wegen dieser streng symmetri-

Fotos: Jochalgen
1 Zieralge, Closterium baillyanum
2 Schraubenalgen, Spirogyra (Objektive 25×)

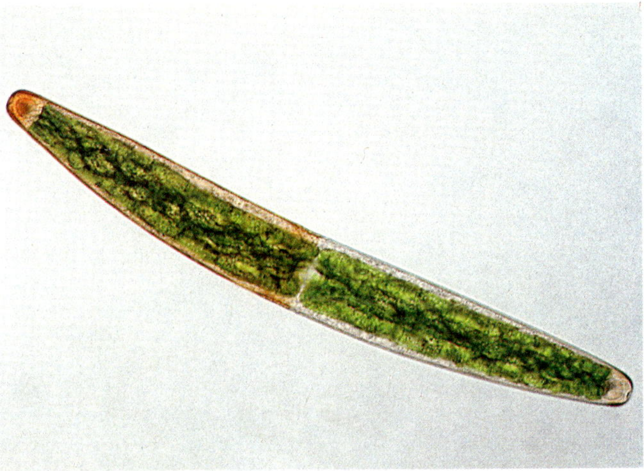

1

2

schen Filamentpakete, die hintereinandergeschaltet sind, erscheinen quergestreifte Muskelzellen in querverlaufende Bänder unterteilt. Die glatten Muskelzellen sind kleiner, besitzen ein weniger dichtes Filamentsystem im Zytoplasma und einen einzigen Zellkern.
Geeignetes Material: Ein kleines, frisches Fleischstückchen, auch Herzmuskulatur, aus der Metzgerei.

Präparation
Ein 2–3 mm kleines Muskelstückchen auf einen Objektträger legen und 1–2 Tropfen Alcianblaulösung dazugeben – Gewebe am besten mittels zweier Präpariernadeln zu einem feinen Faserbrei zerzupfen; die einzelnen Muskelfasern sollten möglichst getrennt liegen – Deckglas auflegen und das Präparat mindestens 10 Minuten zur Seite legen, wenn nötig in einer feuchten Kammer.
Die Kerne werden blau angefärbt. Bei stärkerer Abblendung ist auch die Querstreifung der Muskelfasern zu sehen. Bei schönen Präparaten lohnt sich die Weiterverarbeitung zum Dauerpräparat (Abb. Seite 73).

Stärkenachweis
Die Stärke, aus Zuckerbestandteilen aufgebaut, ist der am weitesten verbreitete Reservestoff der Pflanzen. Der Aufbau des Zuckers erfolgt in den Blattgrünkörnern (Chloroplasten) durch Photosynthese, die Sonnenenergie in chemische Energie umwandelt. Mit Hilfe dieser Energie wird der Zucker und dessen Speicherform, die Stärke, aus Wasser, Nährsalzen und dem Kohlendioxid der Atmosphäre aufgebaut. Die Photosynthese ist der einzige biologische Vorgang, bei dem dauernd in großen Mengen Energie aus dem Weltall aufgenommen und gespeichert wird. Ohne diesen Vorgang wäre tierisches und menschliches Leben nicht möglich.

Fotos: Zieralgen (S. 28)
1 Euastrum oblongum
2 Netrium digitus (Objektive 40×)

1

2

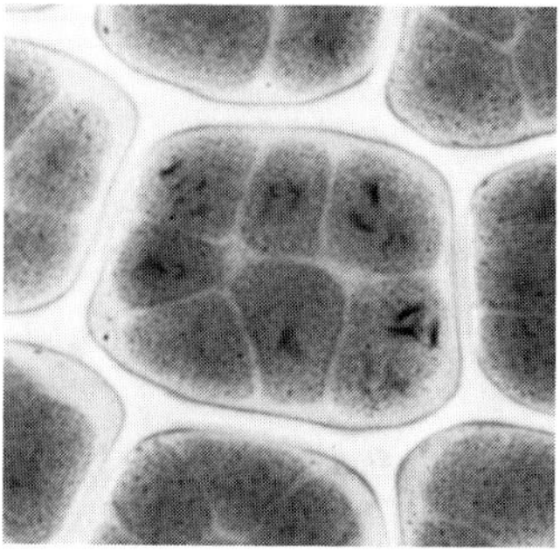

1

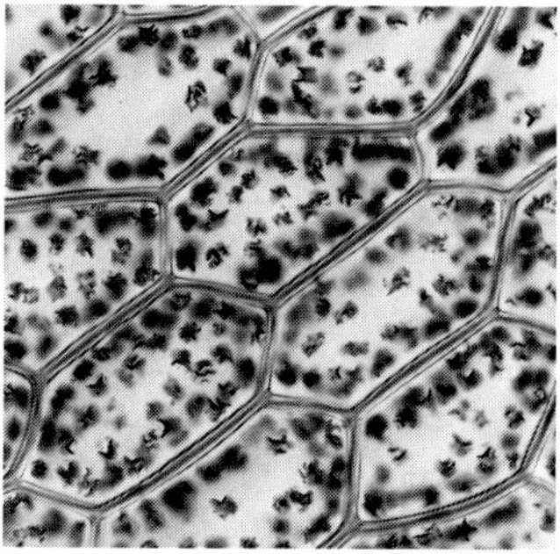

2

Stärkenachweis, Chloralhydrateneinschluß (S. 42)
1 Katharinenmoos. Gut zu erkennen ist die Kornstruktur der Chloroplasten. Wegen Lichtmangels vor Präparation nur wenig Stärke (Objektiv 100×)
2 Spieß-Sternmoos mit Stärkeablagerungen (Objektiv 40×)

Die Blattgrünkörner lassen sich sehr schön in Moosblättern beobachten, die aus einer einzigen Zellschicht bestehen, zum Beispiel beim Sternmoos, bei Katharinenmoos usw.
Geeignete Objekte für den Stärkenachweis sind Moosblätter und Fadenalgen.

Färbung
Einlegen in Gemisch aus 5prozentiger Kalilauge und 96prozentigem Äthanol 1:1 (Moosblätter 10 Min., Fadenalgen 15 Sek.) — Übertragen in Lugolsche Lösung (10 Min.) — Kurz auswaschen in Leitungswasser — Aufhellen in 50prozentigem Chloralhydrat wässerig, zwei Bäder hintereinander (beide kurz, eine stärkere Aufhellung dauert etwas länger) — Einschließen in Chloralhydrat-Lösung mit Glyzerin, siehe Seite 91.
Vorsicht: die Lugolsche Lösung greift Metalle sehr stark an. Pinzette gut wässern!
In den Chloroplasten ist die Stärke als violettschwarze Punkte oder längliche Gebilde zu sehen.

Einfache Dauerpräparate

Die bisher beschriebenen Präparate haben eines gemeinsam: sie sind nicht haltbar. Besonders wenn uns ein schönes Präparat gelungen ist, verspüren wir vielleicht den Wunsch, es später wieder betrachten zu können. Dauerpräparate erfordern zwar einen etwas größeren Aufwand an Zeit und Material als Frischpräparate; dieser Mehraufwand lohnt sich aber, denn das Objekt steht uns nachher ständig zur Verfügung, ohne daß wir jedesmal neu zu präparieren brauchen.

Vogelfedern und Insektenschuppen

Wie diese Objekte zu präparieren sind, wurde bereits auf Seite 24ff. beschrieben. Wir können von ihnen leicht sehr schöne und haltbare Präparate anfertigen.
Aus rund 1 mm dickem Karton schneiden wir eine Maske, etwas kleiner als ein Deckglas. Diese kleben wir mit Eukitt oder einem schnellen Haushaltkleber auf den Objektträger. Wir geben das Objekt hinein — ein Stück Vogelfeder, Motten- oder Schmetterlingsflügel — oder streuen nur die Flügelschuppen in die Kammer. Wir streichen noch etwas Klebstoff auf den oberen Rand und legen ein Deckglas darauf: so sind die Objekte vor weiterem Verstauben geschützt.
Schuppen können auch direkt in Glyzeringelatine oder Sorbitgelatine eingeschlossen werden; die Strukturfarben gehen zwar verloren, die Form bleibt aber erhalten (Abb. Seite 47).

Pollen

Die Pollenkörner (Blütenstaub) sind die männlichen Geschlechtszellen der höheren Pflanzen. Es gibt eine ungeheure Vielfalt von Pollenformen und -größen, die oft gattungs- oder arttypisch sind. Die Pollen der Windblütler und teilweise auch der Insektenblütler werden in riesigen Mengen verweht: mehrere tausend fallen jährlich auf jeden Quadratzentimeter Boden in Mitteleuropa! Sie sind sehr widerstandsfähig und können extreme Bedingungen überleben. Das Sporopollenin, in den Wänden von Pilzsporen und Pollenkörnern eingelagert, ist eine der dauerhaftesten organischen Substanzen und macht die Pollen-

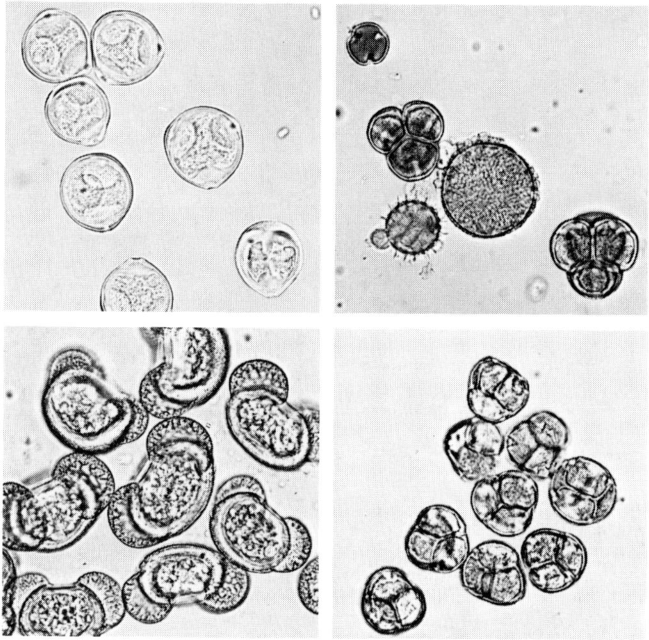

Oben: Pollenpräparate, in Glyzeringelatine nach Kaiser (S. 45)
1 Hasel (Objektiv 40×) — 2 Waldhonig mit verschiedenartigen Pollen — 3 Kiefer — 4 Alpenrose (Objektive 25×)

Rechts: Trockenpräparate (S. 45)
5 Falterflügel des Braunen Bären, Arctia caja, im Durchlicht (Objektiv 10×)
6 Ausschnitt aus einer Papageienfeder im Auflicht. Hellblaue Rami mit dunklen Radii (Vergrößerung rund 20×)

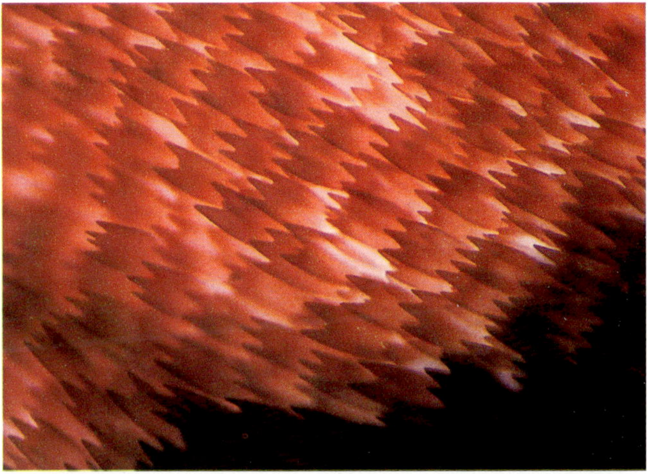
5

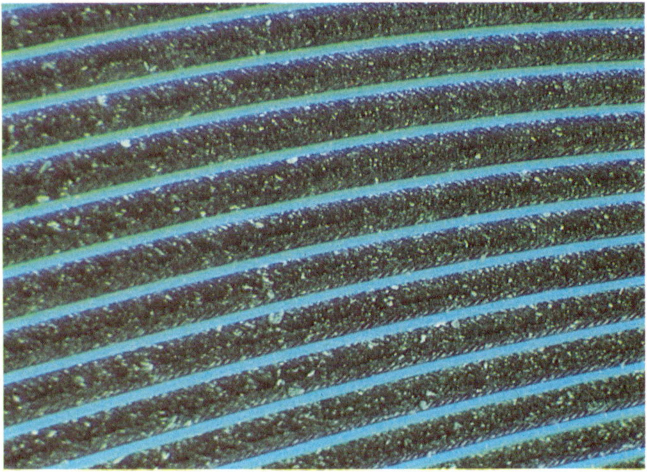
6

körner über Jahrmillionen hinweg haltbar. Die Pollenanalyse der Bohrproben von Torf- und Seeablagerungen kann, zusammen mit anderen Hinweisen, über die Vegetation und das Klima früherer Erdzeitalter Aufschluß geben. Pollen lassen sich in einem Glasröhrchen trocken aufbewahren; sie brauchen nicht fixiert zu werden.

Präparation
Glyzeringelatine oder Sorbitgelatine verflüssigen, einen Tropfen auf den Objektträger geben. Pollen einstreuen, eventuell mittels einer Nadel oder direkt die Staubblätter der Blüte hineintupfen, aber besser nicht mit einschließen. Deckglas auflegen und den Objektträger am besten sofort beschriften, um Verwechslungen zu vermeiden.

Ruderfußkrebse und Wasserflöhe
Ruderfußkrebse und Wasserflöhe finden wir im offenen Wasser und im Uferbereich von Seen und Weihern, aber auch in zeitweise austrocknenden Gewässern. In Fließgewässern, ebenso in nassen Laub- und Torfmoosen kommen nur bestimmte Ruderfußkrebse vor.
Wie man diese kleinen Wasserlebewesen sammelt, wurde bereits beschrieben (siehe Seite 30). Am schönsten ist es natürlich, die Tiere lebend zu beobachten. Wenn wir aber eine Vergleichssammlung der verschiedenen Arten anlegen möchten, fertigen wir uns davon Dauerpräparate an.

Präparation
Fixieren in Äthanol-Formol-Gemisch oder 4prozentigem Formol (mindestens 1 Std.) — Auswaschen in Leitungswasser (30 Min.) — Entwässern in Glyzerin, 1:20 verdünnt durch Verdunstenlassen — Einschließen in Glyzeringelatine oder Sorbitgelatine. Um die Tiere nicht zu zerdrücken, legen wir feine Glasstäbchen (eventuell in der Flamme ausgezogen) in die Gelatine ein, die als Auflage für das Deckglas dienen. Bei stärkerer Abblendung oder im Dunkelfeld betrachten.

Fotos: Totalpräparate von Zecken (Objektiv 4×)

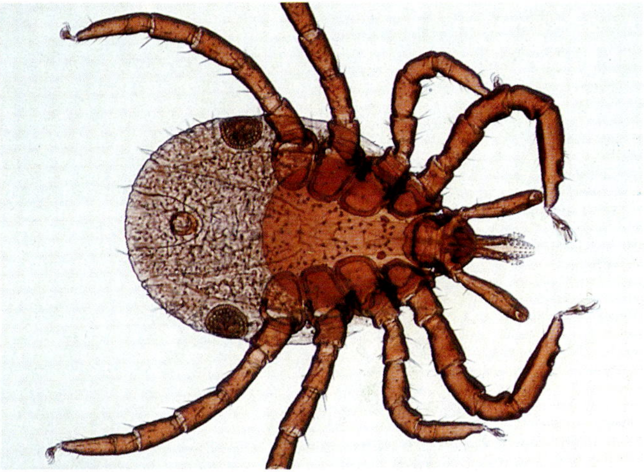

1

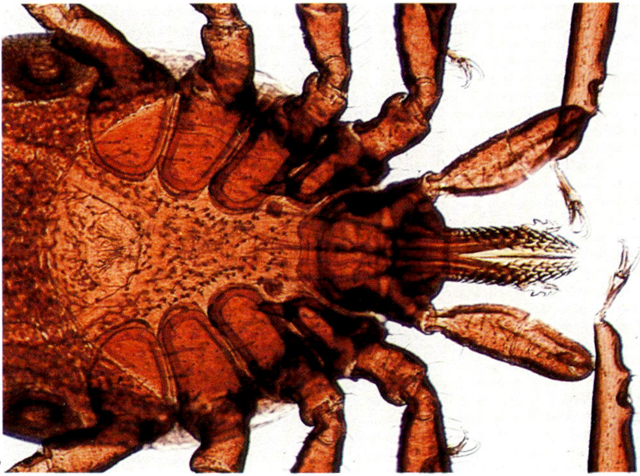

2

Holz

Das Kambium, eine Ringschicht teilungsfähiger Zellen, bildet nach innen Holzgewebe und nach außen Bast, der die saftleitenden Siebröhren enthält. Wenn der Sproß dicker wird, bildet sich außen ein weiteres Lager sich teilender Zellen, das Korkkambium. Die Zellschichten, die außerhalb des Korkkambiums liegen, bezeichnet man als Borke. Sie sind abgeschnitten von der Wasser- und Nährstoffzufuhr und sterben dadurch mit der Zeit ab, zerreißen und blättern ab.

Das Holz der Laubbäume besteht aus Gefäßen, Tracheiden und Holzfasern sowie den Parenchymzellen der Markstrahlen. Die Gefäße sind weitlumige Röhren, die als Wasserleitungen fungieren; die Holzfasern mit ihren verdickten Zellwänden dienen der Festigung. Die Tracheiden können beide Funktionen übernehmen, da sie sowohl weitlumig als auch dickwandig sein können. Parenchymzellen bleiben lebendig, haben nur schwach verdickte Wände und dienen als Querleitung und Speicher für Reservestoffe in den Markstrahlen. Alte Leitelemente verstopfen und dienen dann nur noch der Festigung.

Im Nadelbaumholz fehlen Gefäße und Holzfasern; die Tracheiden übernehmen hier die Leitungs- und Festigkeitsfunktionen. Die regelmäßig angeordneten Tracheiden zeigen ungleiche Lumengrößen. Im Frühjahr werden weitlumige Tracheiden produziert, und im weiteren Verlauf der Vegetationsperiode werden immer kleinere gebildet — so entstehen die Jahresringe. Auch bei Laubhölzern lassen sich die Jahresringe erkennen, obschon

Fotos: Holzpräparate, in Sorbitgelatine eingeschlossen

1 Querschnitt durch Erlenholz. Oben verläuft die Grenze eines Jahresringes. Weitlumige Gefäßzellen zwischen Holzfasern

2 Tangentialschnitt durch Erlenholz. Gefäßzellen mit vielen einfachen Tüpfeln

3 Radialschnitt durch Erlenholz. Rechts ein angeschnittener Markstrahl

4 Radialschnitt durch Kiefernholz. Tracheiden mit Hoftüpfeln in Aufsicht (alle Objektive 25×)

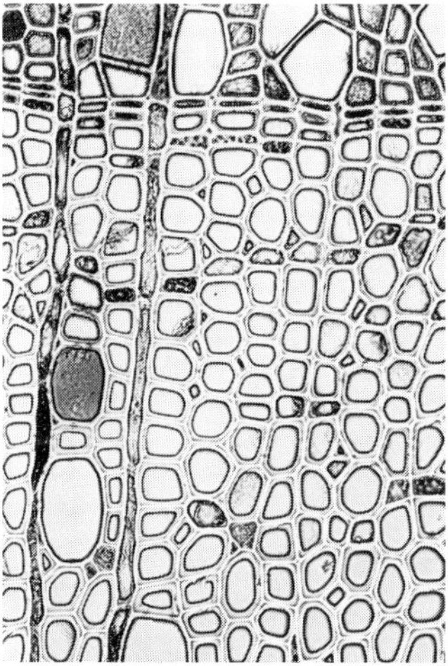
1

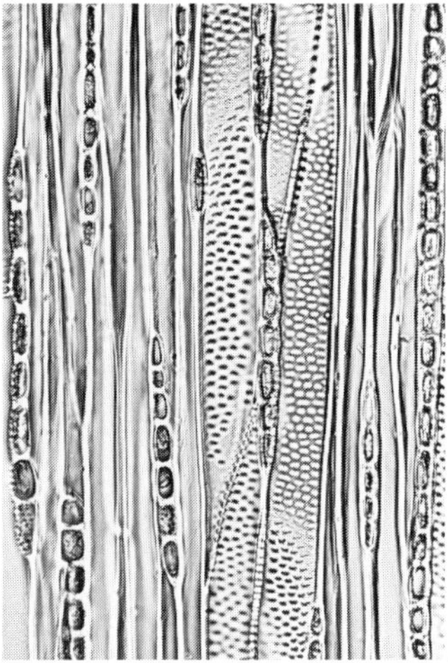
2

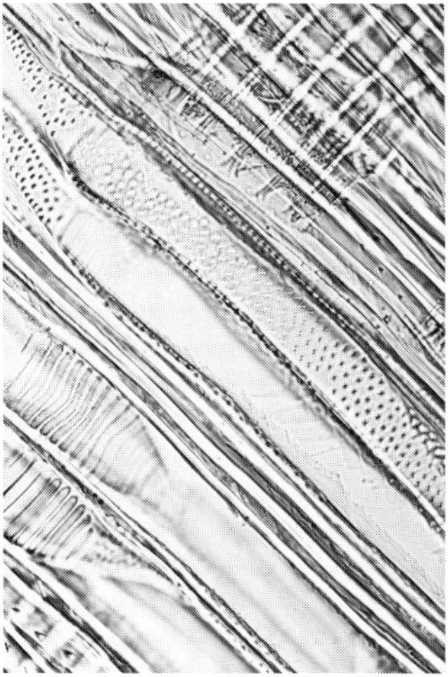
3

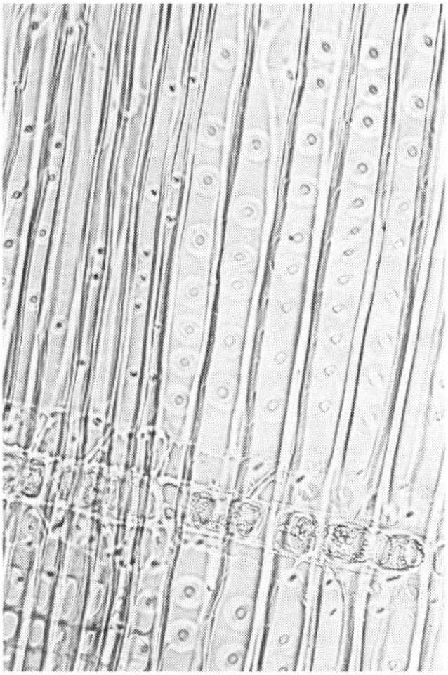
4

hier die Regelmäßigkeit durch die Gefäße gestört ist, die bei verschiedenen Hölzern unterschiedlich verteilt sind.

Herstellung von Schnitten
Alle Holzarten eignen sich zum Mikroskopieren. Wir nehmen am besten kleine, mehrjährige Ästchen oder Stammstücke. Diese zersägen wir in 3–5 cm lange Stücke und legen sie in ein Isopropanol-Glyzerin-Gemisch. Darin werden sie bis zum Gebrauch aufbewahrt; so wird das Holz etwas aufgeweicht. Um ein gutes und vollständiges Bild des Holzes zu erhalten, sollten wir Schnitte in drei Richtungen fertigen: Quer-, Radial- und Tangentialschnitte. Mit Rasierklingen lassen sich gute Schnitte herstellen.
Dauerpräparatherstellung von Holzschnitten
Material zur Entwässerung in reines Glyzerin legen (etwa 10 Min.) – Einschließen in Glyzeringelatine oder Sorbitgelatine.

Bodenlebewesen
Die Kleinlebewesen des Bodens verwerten als Räuber, Aas-, Pflanzen-, Pilz- und Bakterienfresser die Abbauprodukte und toten Organismen und sorgen gemeinsam mit den anderen Bodenorganismen für einen guten Boden. In der Lebensgemeinschaft des Bodens sind die niederen Pflanzen durch die Bakterien, Pilze und Algen vertreten, die Tiere durch viele Einzeller, Würmer, Schnecken, Asseln, Spinnentiere, Tausenfüßler, Springschwänze, Larvenformen verschiedener Insekten, um nur einen Teil des vielfältigen niederen Tierlebens zu nennen.
Einige dieser Lebewesen lassen sich mit einem *Berlese-Trichter* fangen. Wir können uns ein solches Gerät leicht selber herstellen, indem wir den Boden eines Joghurtbechers herausschneiden und durch ein Sieb aus gröberem Vorhangstoff ersetzen, den wir mit einem Gummiband befestigen. In dieses Siebgefäß füllen wir eine kleine Bodenprobe und stellen es in einen Glas-

Fotos: Totalpräparate
1 Taufliege, Drosophila (Objektiv 2,5×)
2 Hornmilbe, ein häufiges Bodenlebewesen (Objektiv 4×)

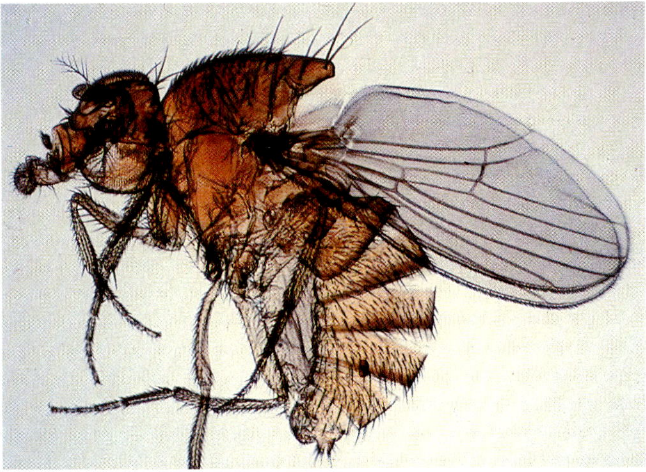

1

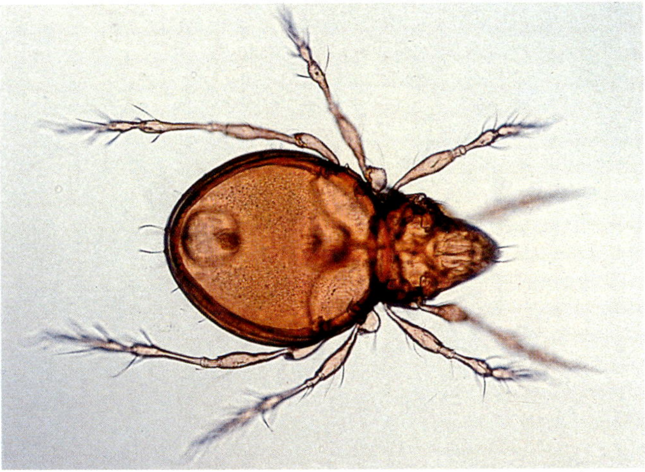

2

oder Plastiktrichter. Von oben beleuchten wir mit einer Tischlampe, deren Licht und Wärme die Kleinlebewesen nach unten treibt, und unter den Trichterauslauf stellen wir ein kleines Gefäß mit Isopropanol. Darin werden sich nach etwa fünf Tagen oder einer Woche viele Tiere sammeln, besonders wenn wir unsere Erde aus einem Laubwald oder von einem Komposthaufen geholt haben. Unglaublich verarmt ist dagegen die Lebewelt eines Monokulturbodens! Tiere aus Bodenproben sollten zuerst von Erdpartikeln gereinigt werden. Als Fixier- und Aufbewahrungslösung verwenden wir reines Isopropanol oder Brennspiritus.
Von den Bodenorganismen eignen sich besonders die kleineren Tiere wie Springschwänze und Milben für Totalpräparate. Andere geeignete Objekte sind Zecken, Käsemilben, Blattläuse, Flöhe, Läuse, kleine Mücken usw. (Abb. Seite 49).

Präparation
Tiere aus dem Alkohol nehmen, kurz abtropfen lassen und in Polyvinyllactophenol legen. Staubgeschützt eindicken lassen, bis ein zähflüssiger Zustand erreicht ist (bei Zimmertemperatur etwa 1 Woche, im Wärmeschrank bei 40° C etwa 2 Tage). Einen Tropfen des eingedickten Einschlußmittels mit den Tieren auf Objektträger geben und Deckglas auflegen. Bei dickeren Objekten eventuell Glasstäbchen als Auflagefläche unterlegen.
Diese Präparate am besten immer waagrecht lagern; das Einschlußmittel härtet nie völlig aus.

Insekten
Die Insekten umfassen etwa eine Million oder rund 80 Prozent aller bisher überhaupt beschriebenen Tierarten. Ihre ungeheure Vielfalt an Farben, Formen und Lebensweisen übertrifft dieje-

Fotos: Dauerpräparate von Insekten
Mundwerkzeuge der Stubenfliege, die Labellen oder Stempel, mit ihren komplizierten Chitinverstärkungen (Saugröhrchen)
1 Seitenansicht (Objektiv 10×)
2 Ansicht von unten (Objektiv 25×)

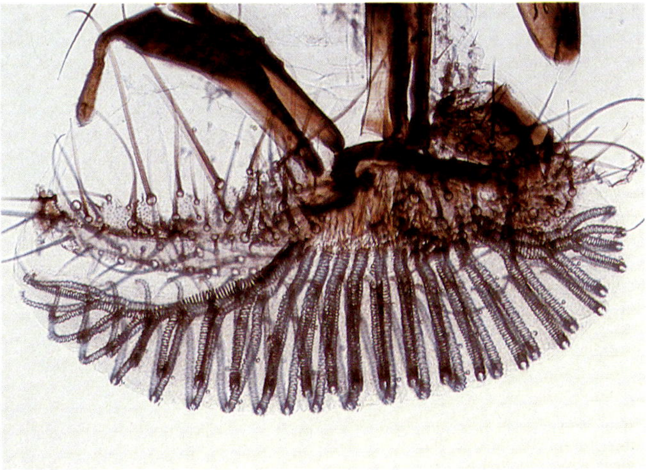

1

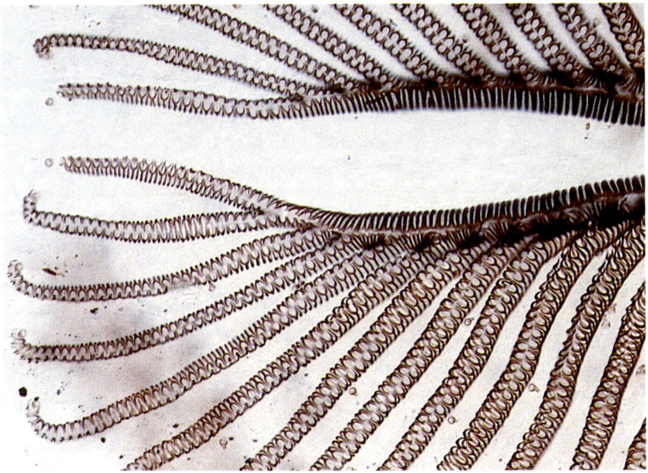

2

nige aller anderen Tiergruppen. In der Natur gibt es kaum einen insektenfreien Raum. Insekten spielen eine wichtige Rolle als Räuber, Parasiten, Aasfresser, Pilz- und Bakterienfresser im Boden und nicht zuletzt als Nahrung für andere Tiere. Man schätzt ihre Zahl in den oberen 20 cm eines Weidelandbodens auf etwa 56 000 Individuen pro Quadratmeter. Etwa 10 000 Arten gelten – gesundheitlich und wirtschaftlich – als Schädlinge des Menschen. Viele andere leisten unersetzliche Dienste – sei es indirekt durch Blütenbestäubung, Bodenaufbereitung, Schädlingsvernichtung usw. oder direkt durch ihre Produkte wie Honig, Seide und Wachs.

Wie die anderen Gliedertiere haben auch die Insekten einen «Hautpanzer», die Kutikula. Diese wird von der Haut (Epidermis) schichtweise gebildet und besteht zum größten Teil aus Chitin, einem stickstoffhaltigen Polysaccharid. Sie schützt das Insekt gegen Austrocknung und Angriffe, dient als Außenskelett und bietet Ansatzflächen für die Muskulatur.

Präparation

Die gesammelten Insekten werden zunächst in 96prozentigen Alkohol oder Brennspiritus gelegt, der zugleich als Fixierungsmittel und Aufbewahrungsflüssigkeit wirkt. Als Mazerationslösung dient 20prozentige Kalilauge oder, noch schonender, 10prozentige Weinsäure (Behandlungszeit einige Monate). Von kürzer behandelten Tieren (1–2 Wochen) lassen sich auch die inneren Organe präparieren, indem der Körperinhalt herauspräpariert und auf einem Objektträger gequetscht wird. So zeigen sich die feinen Verästelungen des Tracheensystems in allen Organen besonders schön.

Große Insekten werden am besten in Kopf, Thorax und Abdomen getrennt. Abpräparierte Teile ohne Flügel bei Zimmertemperatur in 20prozentige Kalilauge (1–3 Tage) oder in 10prozentige Weinsäure (etwa 6 Monate) legen – Auswaschen in fließendem Leitungswasser (30 Min.) – Entwässern in Cellosolve rein (10 Min.) – Terpineol rein (10 Min.) – Xylol, 2 Bäder (je etwa 3 Min.) – Einschließen in Eukitt.

Flügel können direkt abpräpariert, entwässert und eingeschlossen werden.

Pflanzliche Epidermis

Die feste äußere Haut (Epidermis) der Pflanzen ist nur durch die Spaltöffnungen unterbrochen. Diese regulieren den notwendigen Gasaustausch und Wasserdampfwechsel (Transpiration) zwischen den inneren Zellgeweben und der Außenluft. Sie befinden sich vorwiegend in den Blättern, meist auf der Blattunterseite.

Zudem ist die Epidermis mit einem Kutinhäutchen – der Kutikula – überzogen, das die Verdunstung vermindert und je nach den Ansprüchen der Pflanze in verschiedener Dicke ausgebildet ist (siehe auch Kutinfärbung, Seite 68). Diese Kutikulaschicht kann feine Faltungen aufweisen – zusätzlich zu den großen Falten zwischen den Epidermiszellen und rund um die Spaltöffnungszellen. Diese feinen Faltungen werden im Abdruckpräparat sichtbar. Die unterschiedliche Verteilung der Spaltöffnungen und die sehr mannigfache Ausformung der Epidermiszellwände machen es besonders interessant, auf die folgende Art Präparate herzustellen. Dabei wird nicht das Objekt selbst, sondern ein Abdruck davon im Mikroskop betrachtet.

Geeignete Objekte: Alle Blätter oder Pflanzenteile, die staubfrei und trocken sind. Behaarte oder schuppenreiche Teile sind etwas heikler; auch stark gewölbte Oberflächen eignen sich weniger gut.

Präparation

Blätter, die stark verstaubt sind, zuerst waschen und trocknen. Etwas Eukitt mit einem Glasstab auf der Blattoberseite und bei einem zweiten Blattstück auf der Blattunterseite in gleichmäßig dicker Schicht verteilen und waagrecht hinlegen. Warten, bis das Eukitt ziemlich erhärtet, aber noch biegsam ist. Dies ist nach etwa 4 Stunden der Fall. Nicht zu lange liegenlassen, sonst wird das Eukitt zu hart und spröde!

Vom Rande her den Eukittfilm durch Abbiegen des Blattes lösen und den Abdruckfilm mittels einer Pinzette abziehen. Mit einer Schere die Stücke in passende Größen schneiden.

Auf dem Objektträger zwei kleine Streifen beiderseits haftenden Klebebandes in geeignetem Abstand anbringen, so daß der

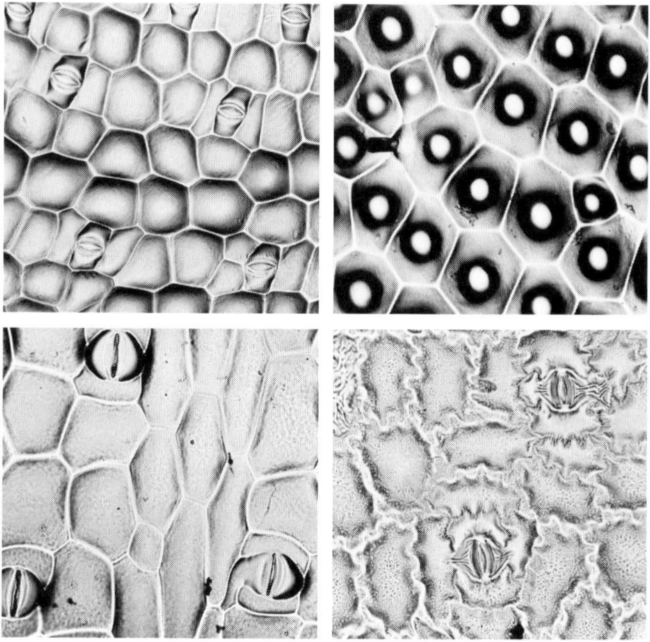

Oben: Abdruckpräparate von pflanzlicher Epidermis (S. 57)
1 Blattunterseite von Zebrina mit hochgewölbten Epidermiszellen und Spaltöffnungen
2 Blattoberseite von Zebrina ohne Spaltöffnungen. Dunkle Kreise durch Lichtbrechung an gewölbter Oberfläche
3 Blattunterseite von Tradescantia. Die länglichen Zellen liegen über einem Blattnerv (Objektive 10 ×)
4 Blattunterseite von Maranta leuconeura (Objektiv 25 ×)

Rechts: Eukitt-Abdruckpräparate von Schneekristallen (Objektiv 4 ×)

Abdruckfilm mit der glänzenden Seite nach oben an beiden Enden mit leichtem Druck befestigt werden kann.
Mikroskopiert wird bei recht starker Abblendung, besonders bei glatten Blattoberflächen oder im Dunkelfeld.

Schneekristalle
Schneekristalle sind in ihrem Grundaufbau immer sechsstrahlig, kommen aber in einer unvorstellbaren Formenvielfalt vor. Schöngeformte Schneekristalle sind bei Temperaturen zwischen etwa minus 3° bis minus 10° C oder darunter zu erwarten, wenn es nur ganz fein aus dem Nebel schneit. Große kompakte Flocken eignen sich nicht zur mikroskopischen Untersuchung; die einzelnen Kristalle müssen mit bloßem Auge sichtbar sein. Wir können entweder bei leichtem Schneefall die Kristalle direkt auf den vorbereiteten Objektträger fallen lassen oder am frühen Morgen einzelne Kristalle, die glitzernd auf der Schneeoberfläche liegen, auf den Objektträger geben.

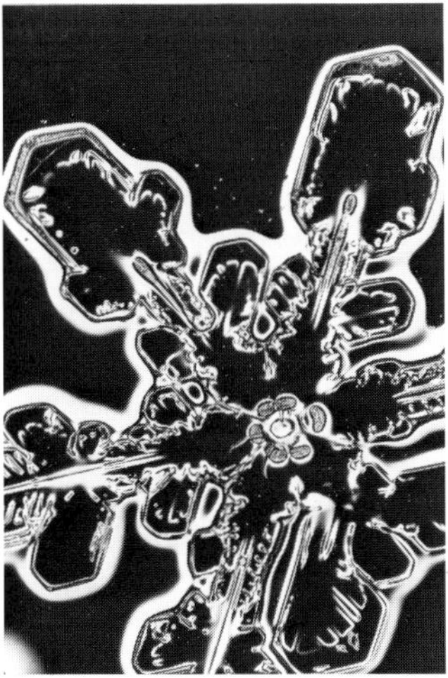

Präparation
Objektträger und Eukittflasche mit einem Glasstab über Nacht oder mindestens für einige Stunden zum Temperaturausgleich vor das Fenster stellen.
Objektträger mit Eukitt bestreichen, nicht zu dick und nicht zu dünn, und wieder zum Temperaturausgleich kurz auf den Schnee legen. Schöne Kristalle mit einem oder zwei langen, dünnen Holzstäbchen von der Schneeoberfläche nehmen und auf den Eukittfilm legen. Das Eukitt soll den Kristall umfließen, andernfalls ist es schon zu hart. Oder den beschichteten Objektträger mit der Eukittseite nach unten kurz auf eine kristallreiche Schneeoberfläche tupfen, wenden und auf den Schnee legen.
Eukitt verfestigen lassen: Objektträger für mindestens 2 Stunden auf den Schnee oder eine sehr kühle Unterlage legen.
Sobald das Eukitt annähernd fest ist (am Rande mit Fingernagel prüfen), Objektträger in die Wärme nehmen. Dadurch schmelzen die Schneekristalle, haben jedoch ihre Form im Eukitt als Abdruck hinterlassen, den wir nach dem Trocknen im Mikroskop anschauen — bei starker Abblendung oder am besten im Dunkelfeld.

Pigmentzellen
Die Hautfarbe eines Tieres kommt durch die in der Haut auf verschiedenen Ebenen eingelagerten Pigmentzellen zustande. Sie dienen dem Schutz vor Licht, der Tarnung und Kennzeichnung. Durch Veränderung der Farbstoffverteilung in den Pigmentzellen können viele Tiere ihre Farbe wechseln. Breiten sich die Farbstoffe in den Pigmentzellen aus, erhält das Tier eine

Fotos: Pigmentzellen (Eukitt-Dauerpräparate)
1 Sardinenhaut mit fein verästelten Melanophoren. Auch die Schuppenlinien sind sichtbar
2 Haut eines Krallenfrosches mit Melanophoren, dunklen Giftdrüsen und hellen Schleimdrüsen (Objektive 10×)
Präparate von Diatomeenschalen (S. 63)
3 Neidium productum
4 Epithemia sp. (Objektive 100×)
5 Pinnularia sp. (Objektiv 40×)

1

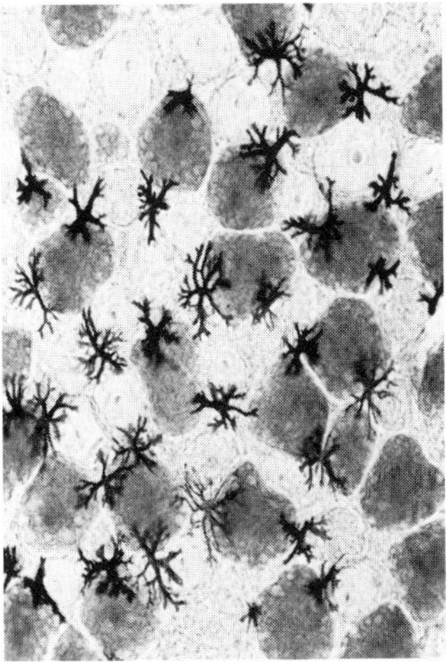
2

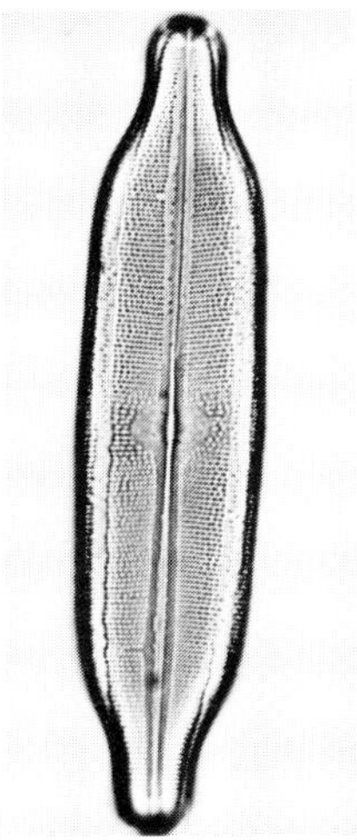
3

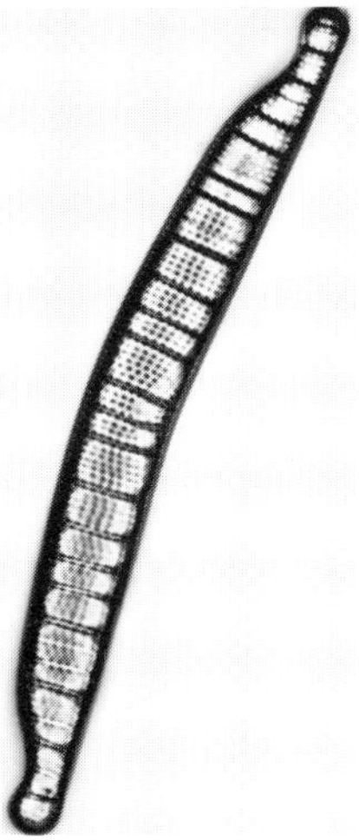
4

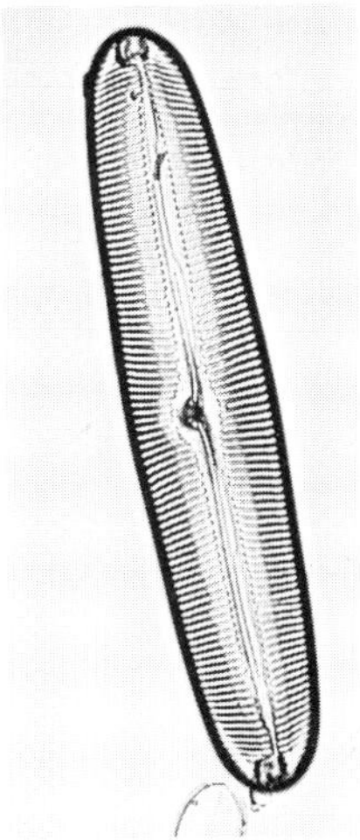
5

dunklere Farbe, ballen sie sich zusammen, erscheint das Tier heller. Bei Amphibien wird dieser Farbwechsel, der eine Anpassung an den Untergrund erlaubt, hauptsächlich durch Hormone bewirkt; bei Fischen, die ihre Farbe schlagartig wechseln können, erfolgt er zusätzlich über Nervenimpulse. Die Melanophoren, der häufigste Pigmentzellentyp, sind stark verästelt und enthalten schwarzbraune Pigmentkörner (Melanin), die eine gewisse Lichtschutzfunktion haben.

Geeignetes Material: Die Haut von frischem oder gefrorenem Fisch, z. B. Bachforelle, Sardine, Makrele und Hering, wobei sich die Haut am leichtesten vom Kiemendeckel abziehen läßt. Sogar Fischhaut aus einer Konserve, z. B. Sardine oder Lachs, ist brauchbar; hier ist eine zusätzliche Fixierung überflüssig. Froschhaut eignet sich sehr gut, weil sie sich leicht vom darunterliegenden Gewebe trennen läßt. Im Frühjahr, wenn die Grasfrösche zu ihren Laichplätzen ziehen, werden immer wieder Tiere auf den Straßen getötet. Von solchen können wir uns Hautstücke präparieren.

Präparation

Die Haut mit möglichst wenig Untergewebe abziehen. Bei Fischen wenn möglich auch die Schuppen entfernen. Oder größere Gewebestücke fixieren und erst später die Haut abpräparieren.

Fixieren in 4prozentigem Formol (1 Tag, mehrere Jahre haltbar) — Auswaschen in fließendem Leitungswasser (5 Min.) — Wenn nötig, Pigmentzellenschicht der Haut abpräparieren — Entwässern in Cellosolve (3—5 Min.) – Terpineol rein (3—5 Min.) — Xylol, zwei Bäder (je 3—5 Min.) — Einschließen in Eukitt. Eventuell mittels Holzwäscheklammer einklemmen.

Die schwarzbraunen Pigmentkörner sind ausgedehnt sternförmig oder zusammengeballt in den Pigmentzellen verteilt sichtbar.

Kieselalgen

Kieselalgen oder Diatomeen sind weit verbreitet. In allen Gewässern der Welt, sogar im Eis der Polarkappen, kommen sie vor. Kieselalgen werden auch durch Luftströmungen verbreitet;

in vielen bekannten Windströmungen der Welt wurden sie nachgewiesen. Nach Hustedt gibt es etwa 16 000 Diatomeenarten. Sie sind seit der Kreidezeit bekannt. Ihre Hauptentwicklung im Meer fand während der Tertiär- und im Süßwasser während der Zwischeneiszeit statt. Aus jener Zeit stammen die großen Kieselgurablagerungen in Nordamerika, der Sowjetunion, Dänemark und Deutschland. Die in den Zellwänden abgelagerte Kieselsäure ist nur schwer abbaubar. Schalenreste in Sedimenten können daher – ähnlich wie Pollen – als Beweis für Klimaänderungen in früheren Zeiten dienen.
Die Zellwände der Diatomeen bestehen aus zwei ineinandergeschachtelten Teilen, etwa wie eine Schachtel mit aufgestülptem Deckel. Auf den Schalenflächen des «Bodens» und des «Deckels» ist die Kieselsäure besonders kompliziert in Form kleiner Kämmerchen von sehr verschiedener Bauart abgelagert. Die Gruppen von Kämmerchen erscheinen im Lichtmikroskop als Punkte und Linien. Diese streng symmetrischen Muster charakterisieren die vielen verschiedenen Arten.

Präparation

Material durch ein sehr feines Teesieb oder ein Stück Vorhangstoff filtrieren, um grobe Verunreinigungen abzufangen. Aufschwemmung mit einer Pipette auf ein sorgfältig gereinigtes Deckglas auftragen (nicht zu dicht). An der Luft trocknen lassen oder auf Asbestdrahtnetzgeflecht über Sparflamme des Bunsenbrenners stellen.
Zerstören des Zellinhaltes über der Bunsenbrennerflamme (5–10 Min. oder länger); das Präparat muß weiß aussehen; erst dann ist der Zellinhalt zerstört – Abkühlen lassen – Kurz in Xylol tauchen – Gut abtropfen lassen, aber noch feucht in Styrax oder Aroclor einschließen – Zur schnelleren Verfestigung die Präparate bei 40° C in den Wärmeschrank stellen.
Günstige Stellen im Präparat mit schwacher Vergrößerung suchen und erst nachher bei starker Vergrößerung mikroskopieren. Bei sehr feinen Strukturen mit weit geöffneter Kondensorblende mikroskopieren (Abb. Seite 61).

Gefärbte Dauerpräparate

Die nun folgenden Präparationen erfordern einen etwas größeren Aufwand an Zeit und Material. Wir sollten sie erst in Angriff nehmen, wenn wir mit den bisher beschriebenen Methoden genügend Erfahrungen gesammelt haben.

Pollen-Kernfärbung

Aus einer Pollenmutterzelle entstehen durch Teilung vier Pollenzellen. Aus jeder dieser Pollenzellen bilden sich im Laufe der Reifung eine große vegetative Zelle und eine kleine generative Zelle. Letztere ist spindelförmig und im Plasma der großen vegetativen Zelle eingebettet, die das ganze Pollenkorn ausfüllt. Die vegetative Zelle wächst zu einem Pollenschlauch aus, durch den die Spermazelle, die sich inzwischen aus der generativen Zelle gebildet hat, zur Eizelle gelangt. Besonders geeignet für die Kerndarstellung sind große Pollenkörner mit relativ dünnen Wänden, zum Beispiel von der Lilie.

Präparation und Färbung

Pollen in Alcianblaulösung einstreuen, färben (etwa 1 Tag). Farblösung abgießen, ohne zuviel sedimentierte Pollen zu verlieren, und mit einer Präpariernadel die Pollen in der Mitte des Gläschens anreichern.

Auf Objektträger einen Tropfen Sorbitgelatine (oder Glyzeringelatine nach Kaiser) aufbringen, einen kleinen Tropfen Pollenaufschwemmung vorsichtig einrühren (Luftblasen vermeiden) und mit Deckglas abdecken.

Die Kerne sind blau angefärbt, der generative Spermakern ist an der dichteren Knäuelstruktur zu erkennen.

Zellteilung

Entwicklung und Wachstum eines Organismus beruhen auf der Zellteilung. Durch sie wird die genetische Information der Mut-

Fotos: 1 Pollen der Lilie; Kernfärbung mit Alcianblau. Links generativer, rechts vegetativer Kern (Objektiv 40×)

2 Epidermis der Küchenzwiebel; Pianesefärbung, S. 38 (Objektiv 25×)

1

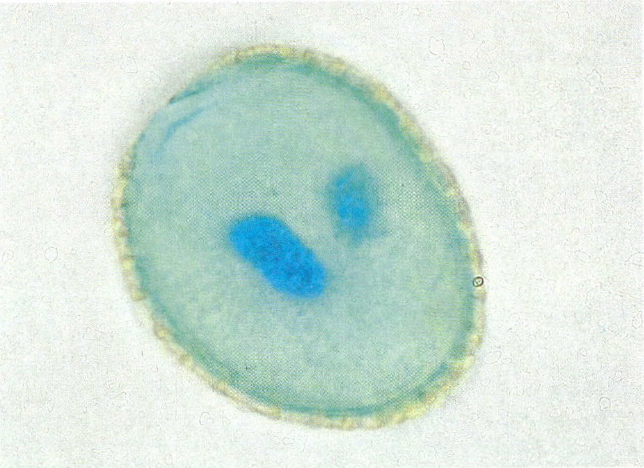

2

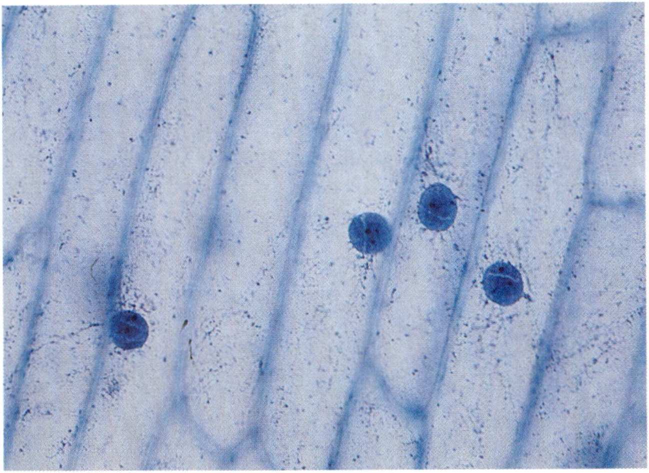

terzelle unverändert an die Tochterzellen weitergegeben. Die genetische Information ist gespeichert in der Erbsubstanz DNS, die im Kern der Zelle meist sehr fein fadenförmig verteilt ist. Am Anfang der Zellteilung beginnt sich die Erbsubstanz zusammenzuknäueln, so daß rundliche bis längliche Gebilde (Chromosomen) sichtbar werden. Im weiteren Verlauf der Teilung ordnen sich die Chromosomen in der Zellmitte an, wandern dann je zur Hälfte zu den beiden Zellpolen, entknäueln sich wieder und bilden die beiden Kerne der Tochterzellen. Gleichzeitig wird auch durch Bildung einer neuen Zellwand das Plasma geteilt.

Untersuchungsmaterial

Wurzelspitzen der Pflanzen eignen sich sehr gut zum Studium der Zellteilung, da sie sehr stark wachsen und demzufolge viele Zellteilungen aufweisen. Ohne viel Mühe können wir zu jeder Jahreszeit von Zwiebeln Wurzeln erhalten. Auf einen wassergefüllten Joghurtbecher legen wir einen Karton mit einer Öffnung und stecken eine Zwiebel hinein, so daß ihr Unterteil gerade das Wasser berührt. Nach etwa 3 Tagen bis einer Woche haben wir genügend Untersuchungsmaterial. Nur im vorderen, leicht gelblichen Teil der Wurzeln finden wir Zellteilungen; weiter hinten wächst die Wurzel nur noch durch Streckung in die Länge.

Fotos: Zellteilungspräparate von Wurzelspitzen der Hyazinthe (S. 64)

1 Zwei Zellen in Prophase

2 Metaphase: Chromosomen in Zellmitte, je in 2 Chromatiden gespalten

3 Anaphase: Die Chromatiden trennen sich voneinander

4 Zelle rechts in später Anaphase: Chromatiden an den Polen

5 Frühe Telophase: Die Chromatiden beginnen sich aufzulösen, zu «entspiralisieren»

6 Späte Telophase: Bei der rechten Zelle beginnt sich das Plasma zu durchtrennen, die linke Zelle hat sich bereits zweigeteilt. Obere Zelle in Interphase (Objektive 100 ×)

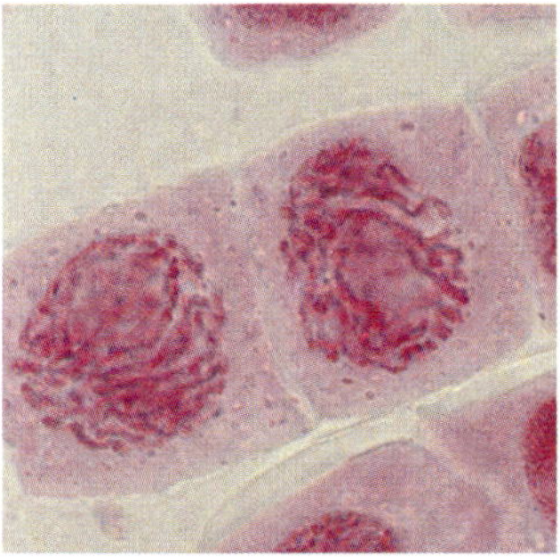
1

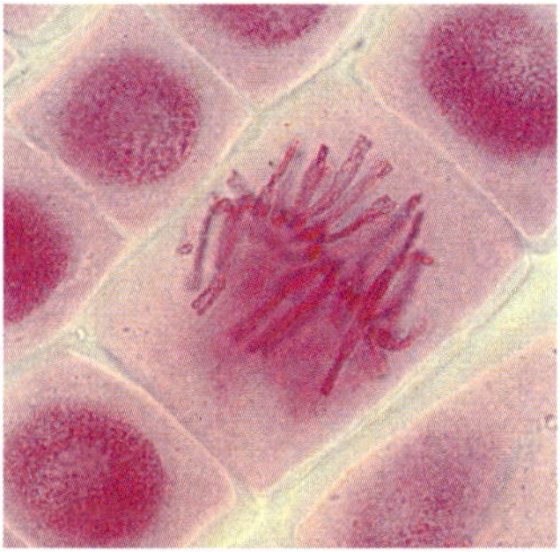
2

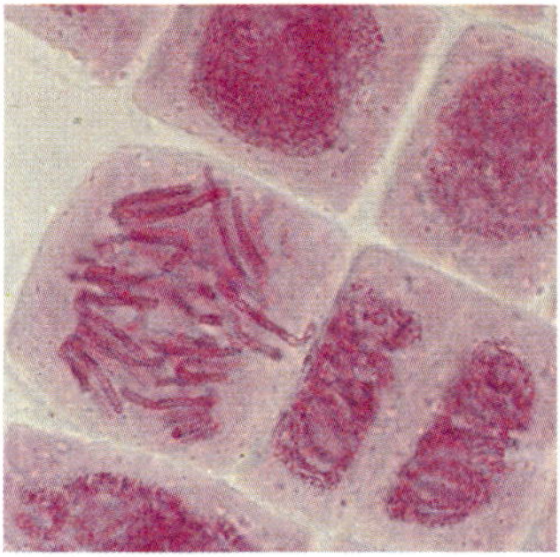
3

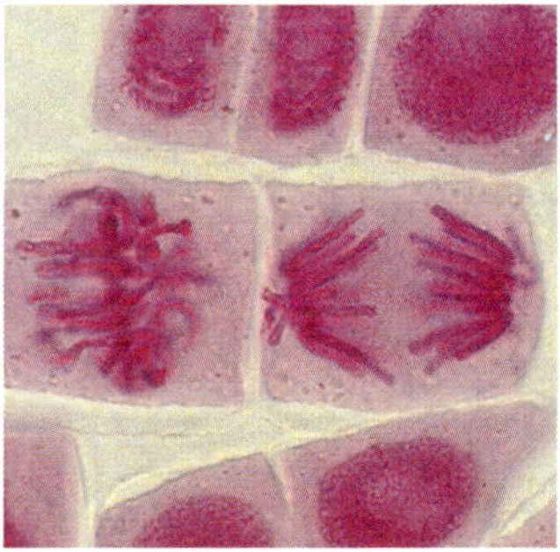
4

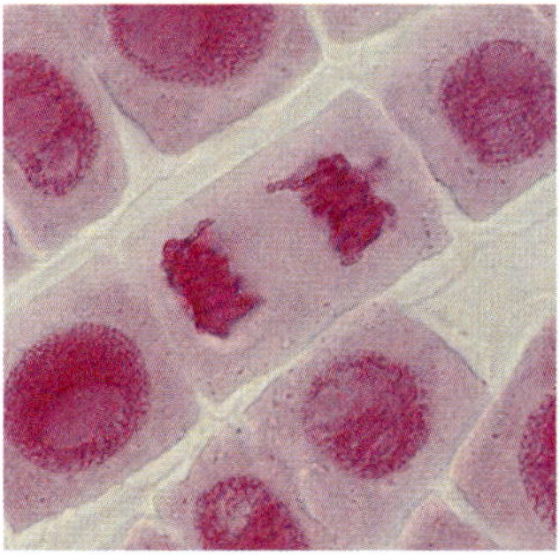
5

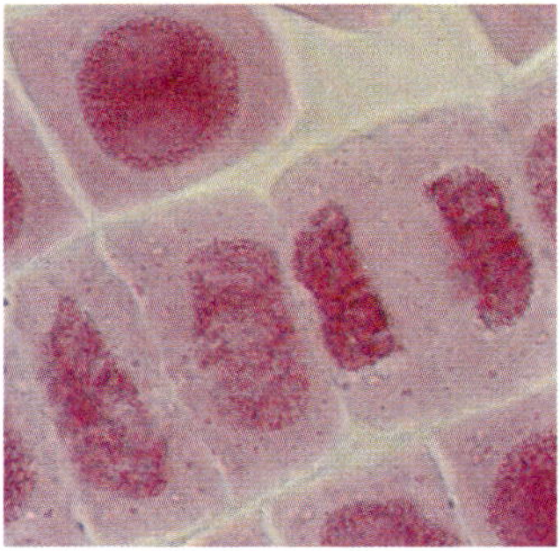
6

Präparation und Färbung
Ein höchstens 1 cm langes Wurzelstück von der Spitze abschneiden – Fixieren in Gemisch aus 96prozentigem Äthanol und Eisessig rein 1:1 (10 Min.) – Einlegen in n-Salzsäure (3,6 %) (10 Min.) – Kurz auswaschen in Leitungswasser – Färben in Carmin-Essigsäure nach Schneider auf der Wärmeplatte bei 60–70° C (10 Min.) – Kurz in Gemisch aus 45prozentiger Essigsäure und Glyzerin rein 1:1 einlegen – Objekt in einen kleinen Tropfen Sorbitgelatine auf Objektträger geben – Deckglas auflegen und quetschen. Die Zellen sollten nebeneinander und nicht übereinander liegen. Wenn nötig, das Präparat erwärmen und nochmals leicht quetschen.
Kerne und Chromosomen werden rot angefärbt.

Kutinfärbung
Viele Pflanzen vermindern die Durchlässigkeit ihrer Zellwände für Wasser und Gase durch Einlagerungen von Kutin. Zudem scheiden die Epidermiszellen auch gegen außen Kutin ab, das als eine zarte, aber geschlossene Haut (Kutikula) die Epidermis überzieht. Nur die Wurzeln besitzen keine Kutikula. Die Kutikula und die kutinisierten Zellwände schränken die Verdunstung ein. Pflanzen, die extremer Trockenheit ausgesetzt sind, haben meist stark kutinisierte Epidermiszellwände und eine dicke Kutikula. Kutin und das nahverwandte Suberin (Korkstoff) gehören zu den dauerhaftesten organischen Substanzen; als fettähnliche Stoffe färben sie sich mit Fettfarbstoffen.
Geeignete Objekte sind besonders Nadeln und Blätter; unter anderen haben die immergrünen Pflanzen eine dicke Kutinschicht. Gesammelte Objekte können in Glyzerin-Isopropanol-Gemisch fixiert und aufbewahrt werden.

Fotos:
1 Ligninnachweis mit Phloroglucin (S. 40). Blattstengel der Roßkastanie, quergeschnitten. Verholzte Zellen des Leitgewebes angefärbt, Kambium und Siebteil ungefärbt (Objektiv 10×)
2 Kutinfärbung, Blatt der Eibe, Taxus baccata, quergeschnitten (Objektiv 25×)

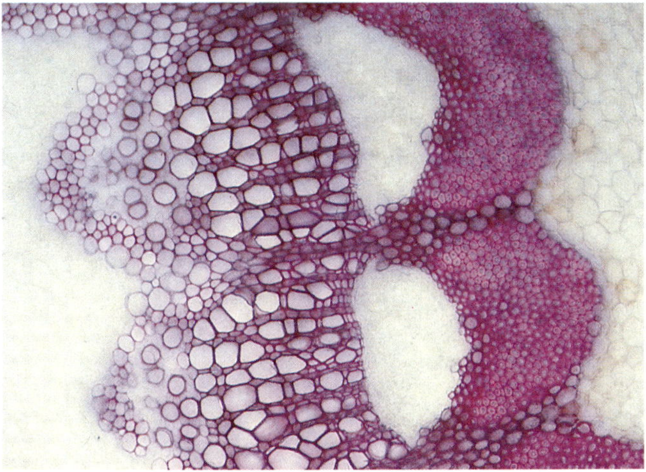

1

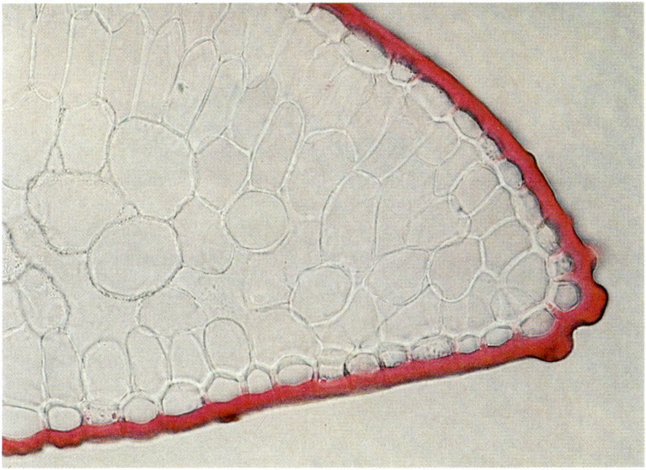

2

Präparation und Färbung

Handschnitte herstellen — Einen Tropfen Farblösung Sudan 7B auf Objektträger geben — Schnitte einlegen und mit Deckglas abschließen — Auf elektrische Heizplatte (Kochherd) legen, auf schwächster Stufe vorsichtig erwärmen, bis sich Blasen bilden. Deckglas abnehmen — Schnitte in einer kleinen Schale mit Glyzerin kurz schwenken — Neuen Objektträger mit einem Tropfen Sorbitgelatine (oder Glyzeringelatine nach Kaiser) vorbereiten — Schnitte aus dem Glyzerin nehmen und einschließen.

Kutinisierte Zellwände, Kutikula, Verkorkungen sowie Fettbestandteile werden kräftig rot angefärbt.

Um sehr klare Präparate zu bekommen, lösen wir den störenden Zellinhalt zuerst mit Javellewasser heraus:

Schnitte in 96prozentiges Äthanol einlegen (etwa 1 Tag) — Kurz auswaschen in Leitungswasser — Einlegen in Bleichlauge, etwa 13prozentiges Javellewasser (15 Min.) — Kurz auswaschen in Leitungswasser — Neutralisieren in 1prozentiger Essigsäure (10 Min.) — Auswaschen in oft gewechseltem Leitungswasser (10 Min.) — Färben.

Alizarinviridinfärbung

Diese sehr gute Übersichtsfärbung eignet sich für praktisch alle niederen Pflanzen (Kryptogamen). Obwohl die Farbabstufungen nur aus verschiedenen Grüntönen bestehen, erhält man klare Präparate. Lebendes Material sollten wir unbedingt im Mikroskop anschauen, bevor wir es fixieren und weiterpräparieren. Zum Bestimmen der Organismen ist dies unerläßlich. Für eine Vergleichssammlung schönen oder seltenen Materials lohnt sich die sorgfältige Herstellung von Dauerpräparaten.

Fotos: Zieralgen, gefärbt mit Alizarinviridin

1 Fädige Kolonie von Hyalotheka dissilens. Die Gallerthülle ist deutlich sichtbar

2 Cosmarium pachydermum (Objektive 40×)

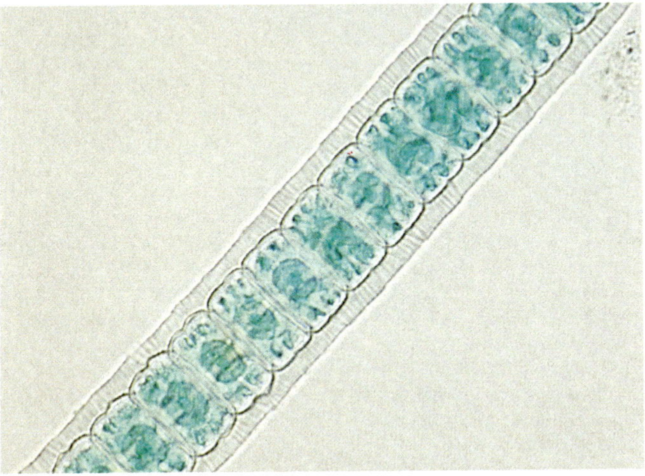

1

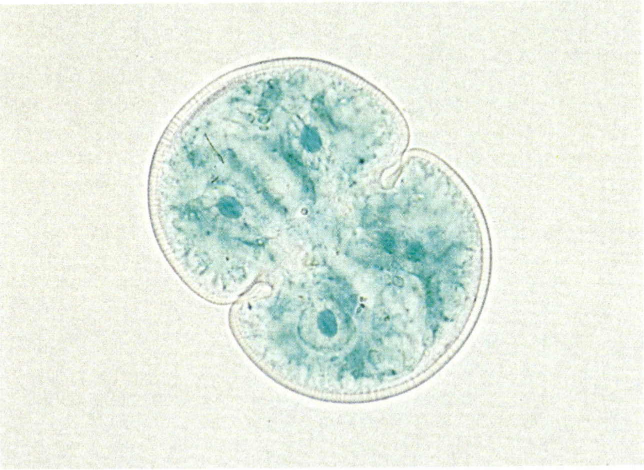

2

Objekte
Blaualgen, fadenförmige und Kolonien bildende, ergeben gute Dauerpräparate, wobei die Gallerte (Schleimhülle) im fertigen Dauerpräparat deutlicher sichtbar wird als im Wasser. Größere Grünalgen, die in Faden- und Kolonieformen auftreten, kommen in Dauerpräparaten auch schön zur Geltung. Zu den schönsten Grünalgen zählen die Jochalgen; vor allem die Zieralgen mit ihren wunderschönen mannigfaltigen Formen sind wahre Kunstwerke der Natur. Zieralgen finden wir in fast jedem Gewässer, obschon sie am besten in sauren Moortümpeln gedeihen. Viele, besonders die größeren Formen, sind als Oberflächenschicht auf Wasserpflanzen, Steinen und Schlamm oder zwischen Aufwuchsalgen in flachem Wasser am Ufer zu finden; einige kommen auch im Plankton vor. Auf feuchter Erde und Felsen, als Aufwuchs in vielen Gewässern und auch im Plankton gibt es viele Grün- und Blaualgenformen. Für allgemeine Hinweise zum Sammeln des Materials siehe Seite 30.

Präparation und Färbung
Material in Papierfaltenfilter einbringen; siehe Minimumfilterverfahren nach Schmelzer, Seite 22 — Fixieren in Kaliumchrom-Formol-Eisessig-Gemisch (mindestens 1 Tag) — Auswaschen in fließendem Leitungswasser (etwa 1 Std.) — Färben in Alizarinviridin (etwa 12 Std. oder länger) — Auswaschen in fließendem Leitungswasser (etwa 1 Std.) — Filter aufschneiden und das Material zum Entwässern in Glyzerin (1:20 verdünnt) legen und verdunsten lassen; siehe Seite 16 — Einschließen in Sorbitgelatine (oder Glyzeringelatine nach Kaiser).
Die Zellbestandteile — Plasma, Kern, Chloroplast usw. — werden in verschiedenen Grüntönen angefärbt.

Fotos:
1 Spermienpräparat der Maus; Pianesefärbung (S. 86). Unmittelbar hinter dem Kopf ist der Schwanz verdickt (Objektiv 100×)
2 Quergestreifte Muskulatur, gefärbt mit Alcianblau (S. 40f.). Die Kerne liegen an der Peripherie der Faser (Objektiv 40×)

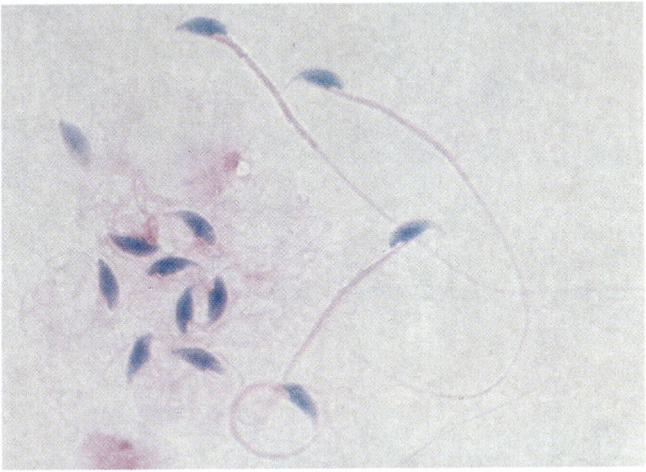
1

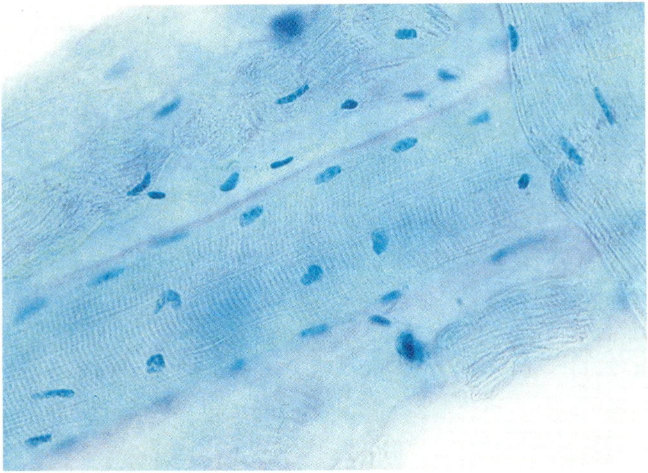
2

Blut

Als «flüssiges Organ» verbindet das Blut alle Teile des Körpers und dient als Transportmittel. Es besteht aus einer Flüssigkeit, dem Blutplasma, bei niederen Tieren der Hämolymphe, in der die Blutkörperchen aufgeschwemmt sind. Bei Säugetieren lassen sich die Blutkörperchen in zwei Typen einteilen: die roten Erythrozyten und die weißen Leukozyten.

Die reifen Erythrozyten sind scheibenförmig und seitlich eingedellt. Etwa 95 Prozent ihres Trockengewichts besteht aus dem Atmungspigment Hämoglobin, das wegen seiner Eigenschaft, den Sauerstoff zu binden, den Gastransport übernimmt. Die Zahl der Erythrozyten beträgt beim Menschen 4–5 Millionen pro mm^3, ihr Durchmesser etwa 7,5 µm.

Die Zahl der Leukozyten liegt zwischen 6000 und 9000 pro mm^3; ihr Durchmesser beträgt 6–18 µm. Die weißen Blutzellen besitzen die Fähigkeit, sich wie Amöben zu bewegen; sie können die feinen Blut- und Lymphkapillaren durchwandern. Sie wehren Fremdkörper ab, indem sie diese aufnehmen oder durch Abgabe verschiedener immunologisch wirkender Stoffe bekämpfen. Der häufigste Typ dieser weißen Blutkörperchen sind die Granulozyten, die sich nach Kernform, Größe und Färbbarkeit der körnigen Plasmaeinschlüsse mit sauren oder basischen Farbstoffen noch weiter aufteilen lassen: man unterscheidet «neutrophile», «eosinophile» und «basophile» Granulozyten. Zwei weitere Gruppen von weißen Blutkörperchen sind die Lymphozyten und die Monozyten.

Fotos: Blutpräparate

1 Blut des Menschen: zwischen den zahlreichen Erythrozyten einige Leukozyten (Objektiv 25×)

2 Vogelblut mit kernhaltigen Erythrozyten und Leukozyten

3 Blut des Menschen mit verschiedenen Typen von Leukozyten: links Monozyt, rechts neutrophile Granulozyten

4 Lymphozyten (unten und Mitte), Blutplättchen (rechts)

5 Basophiler Granulozyt

6 Eosinophiler Granulozyt (Objektive 100×)

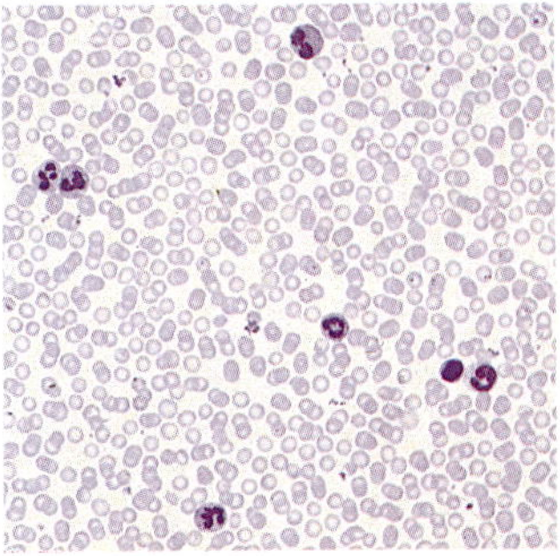
1

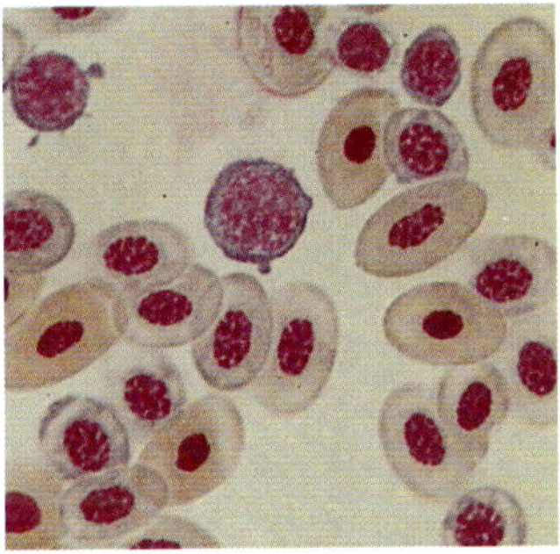
2

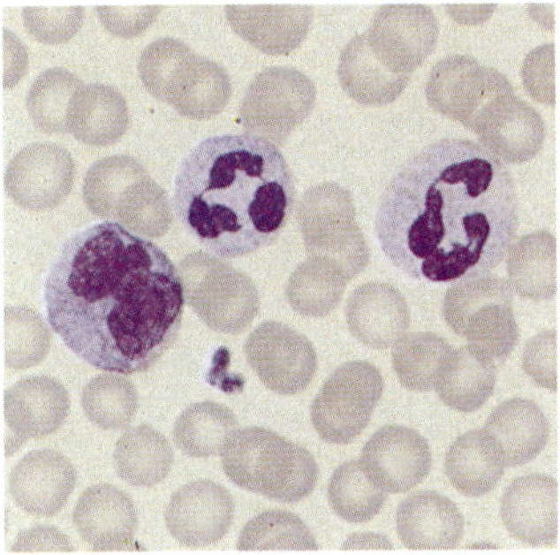
3

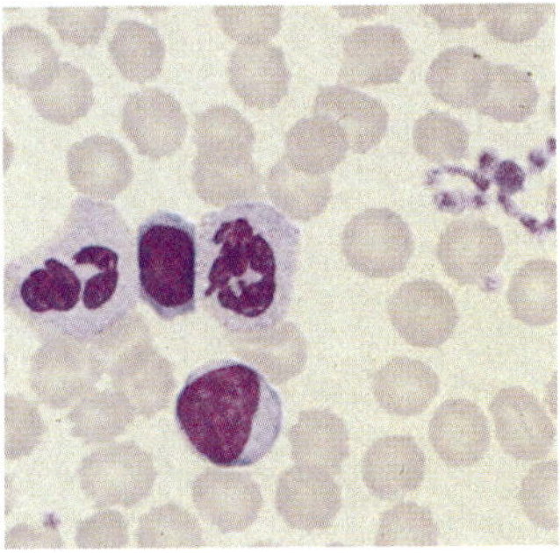
4

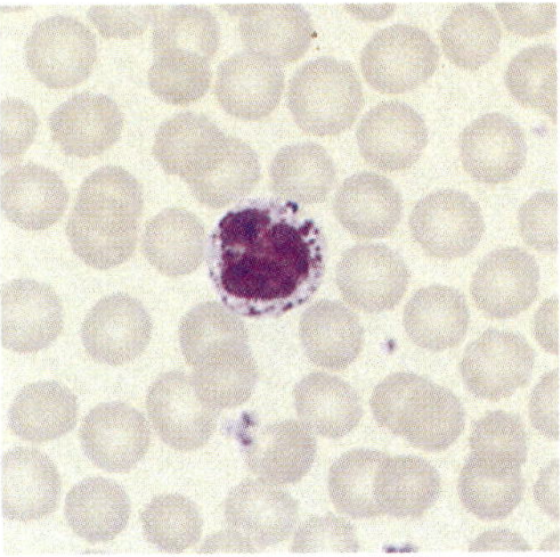
5

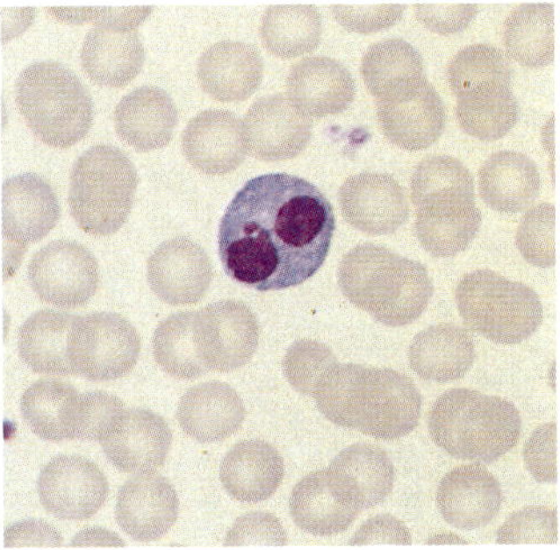
6

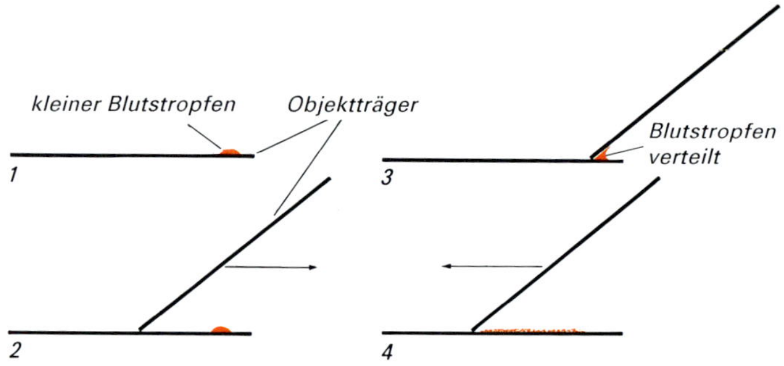

Die Blutplättchen oder Thrombozyten, von denen mehrere hunderttausend pro mm³ Blut vorhanden sind, sind 1–3 µm große Zellfragmente mit einer Lebensdauer von wenigen Tagen. Sie sind wesentlich am Blutgerinnungsprozeß beteiligt.

Herstellung von Blutausstrichen (siehe Skizze)
Für einen Ausstrich genügt ein kleiner Tropfen Blut, der am besten von einer Fingerbeere genommen wird. Blutlanzetten sind einzeln, steril verpackt, in Geschäften für medizinischen Bedarf erhältlich.
Einige saubere, fettfreie Objektträger bereitstellen – Saubere Fingerbeere mit 70prozentigem Äthanol abwischen – Trocknen lassen – Mit einer sterilen Lanzette stechen – Den ersten Blutstropfen abwischen – Einen kleinen Blutstropfen am Ende eines Objektträgers abtupfen und sofort ausstreichen – Blutausstrich trocknen lassen.

Fotos: Holz-Zellulose-Färbung (S. 78)
1 Blattstengel der Roßkastanie, quergeschnitten (Objektiv 10×)
2 Holz der Schwarzerle, tangential geschnitten. Zwischen den Holzfasern viele Markstrahlen. Gefäßzellen rechts mit vielen einfachen Tüpfeln (Objektiv 25×)

1

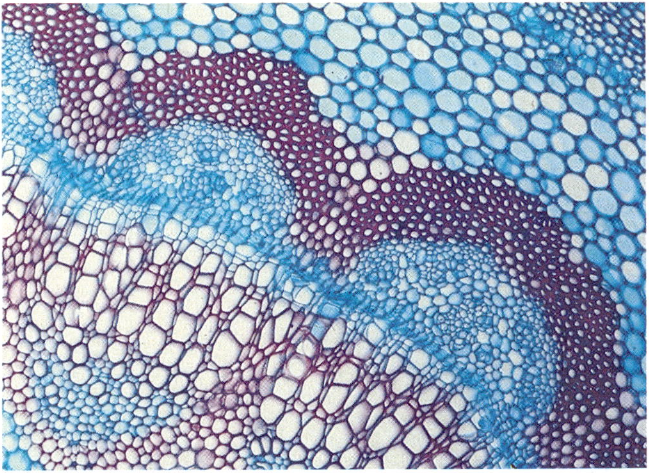

2

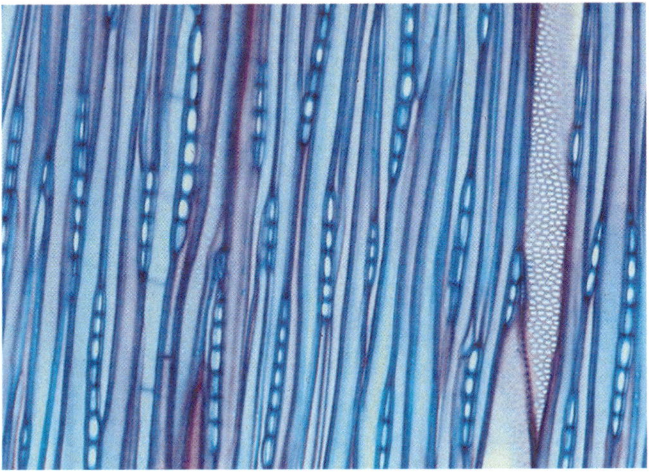

Färbemethode mit der Hemacolor-Schnellfärbung
Farblösung in je ein «Hochglas» (Durchmesser etwas größer als ein Objektträger) gießen.
Fixieren: Objektträger in Lösung I eintauchen und schwenken (5 Sek.) — Färben in Eosinlösung (II), eintauchen und schwenken (5 Sek.) — In Kernfarblösung (III) eintauchen und schwenken (7 Sek.) — Kurz in einem Glas mit Leitungswasser schwenken — Objektträger aufstellen, abtropfen lassen — Vollständig trocknen lassen — In Xylol stellen (etwa 2 Min.) — Einschließen in Eukitt.
Ergebnis der Färbung: Leukozytenkerne violettblau. Plasma der Lymphozyten schwach hellblau. Körnige Plasmaeinschlüsse der Granulozyten leicht rosa (neutrophile), rötlich (eosinophile) oder violettblau (basophile). Monozyten besitzen einen großen, lockermaschigen Kern.

Holz-Zellulose-Färbung
Fast alle Pflanzenzellen sind von einer festen Wand umschlossen, die meist zum größten Teil aus Zellulose besteht. Auf der inneren Seite der primären Zellwand wird nach Abschluß des Zellwachstums eine Sekundärwand abgelagert. Diese besteht aus mehreren Schichten, in denen Fasern in verschiedener Richtung verlaufen. Zwischen diesen Fasern wird bei der Verholzung der Zellwand Lignin eingelagert. Die feste Zellwand behindert den Stoffaustausch zwischen den Zellen; dieser geschieht durch «Fenster» in der Zellwand, sogenannte Tüpfel. Diese sind in verschiedenen Formen ausgebildet und in den toten Gefäßen und Tracheiden des Holzgewebes besonders gut sichtbar.
Mit der folgenden Doppelfärbung können wir die verholzten, Lignin enthaltenden Zellwände von den Zellulosewänden unterscheiden. Die Färbung läßt sich an frischem oder fixiertem Ma-

Fotos: Holz-Zellulose-Färbung mit Astrablau und Safranin
1 Stengel der Ziernessel, quergeschnitten
2 Stammleitbündel des Wurmfarns, quergeschnitten; stark verholzte Gefäßzellen (Objektive 10×)

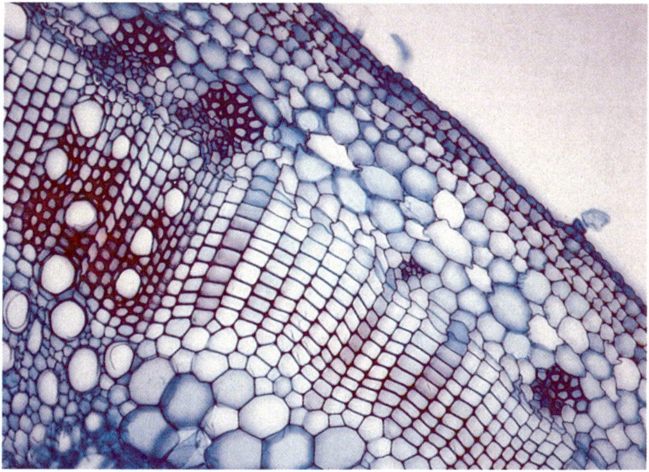

1

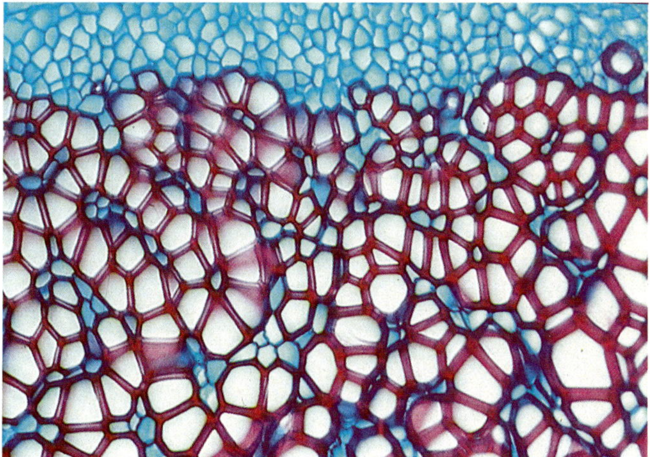

2

terial durchführen. Holz, Stengel, Nadeln usw. können direkt in Glyzerin-Isopropanol-Gemisch gelegt werden. Noch schonender ist es für die Blätter, Wurzeln usw., diese erst in Äthanol-Formol-Eisessig-Gemisch etwa einen Tag zu fixieren. Nach dem Auswaschen in Glyzerin-Isopropanol-Gemisch aufbewahren.
Geeignete Objekte sind Holz-, Blatt-, Stengel-, Nadel- und Wurzelschnitte. (Herstellung siehe Seite 20)

Färbung
Färben in Astrablau (5 Min.) — Kurz auswaschen in Leitungswasser — Färben in Safranin oder Chrysoidin (30 Sek.) — Entwässern und differenzieren* in Cellosolve (30—60 Sek.) Terpineol rein (5 Min.) — Xylol, zwei Bäder (je 3 Min.) — Einschließen in Eukitt.
Die Zellulosewände werden blau, die verholzten Zellwände rot mit Safranin oder gelborange mit Chrysoidin angefärbt.
Für bestechend klare Präparate lösen wir den hier nur störenden Zellinhalt mit Javellewasser heraus (siehe Seite 89).

Handschnitte von tierischen Organen
Mit dieser Methode erhält man auf einfache Weise schöne Präparate, die sonst nur mit einem wesentlich größeren Aufwand an Material, Apparaten und Zeit herzustellen sind. Die Schnitte, die man von Hand macht, sind natürlich nicht so regelmäßig und fallen auch dicker aus als Mikrotomschnitte.

Fotos: Holz-Zellulose-Färbung
1 Kiefernadel, quergeschnitten. Von außen nach innen: Epidermis mit Kutikula, Assimilationsgewebe mit Harzkanälen, Endodermis, Leitbündel (Objektiv 4×)
2 Stechpalmenblatt, quergeschnitten. Gelb = Festigungsgewebe, gefärbt mit Chrysoidin (Objektiv 25×)

* In der Safranin- oder Chrysoidinlösung entsteht eine Überfärbung, die durch Cellosolve herausgelöst wird. Nach genügender Differenzierung in Cellosolve sollten die Schnitte blau erscheinen, wenn nur wenig verholzte Teile vorhanden sind.

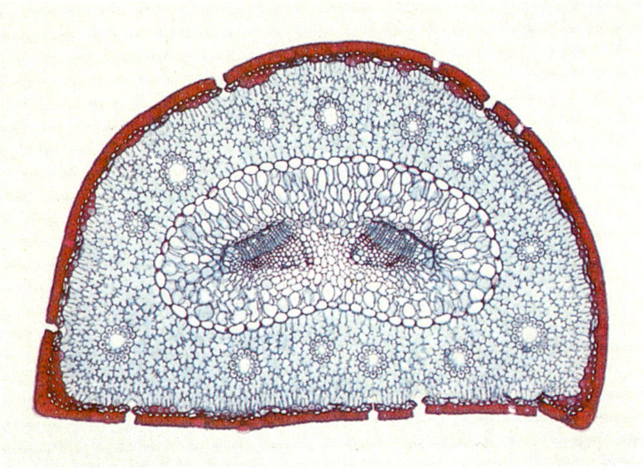

1

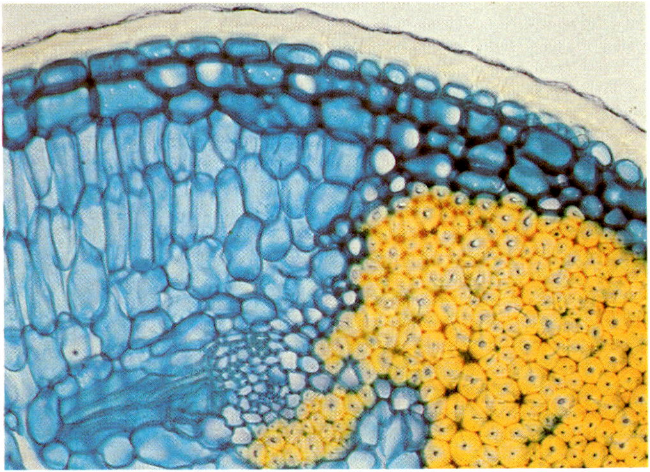

2

Geeignete Objekte: Von einer Maus oder noch besser von einem größeren Tier Organe wie Lunge, Herz, Zunge, Magen, Dünn- und Dickdarm, Niere, Hoden, Leber, Gehirn, Haut usw.

Fixierung und Härtung
Kleine Organe ganz oder größere Organe in Stücke geschnitten in 4prozentigem Formol fixieren, mindestens 1—2 Tage. Das Material kann auch in dieser Lösung aufbewahrt werden.
Auswaschen in fließendem Leitungswasser über Nacht (etwa 12 Std.) — Entwässern in Cellosolve, 1:1 mit Leitungswasser verdünnt (1 Tag) — Cellosolve rein (2 Tage) — 96prozentiges Äthanol (mindestens eine Woche).

Präparation und Färbung
Mit einer Rasierklinge Handschnitte herstellen (siehe Seite 20). Dünne Gewebe wie Haut eventuell zwischen Karottenstücklein einklemmen.
Schnitte in Hämatoxylin nach Ehrlich färben (2 Min.) — Auswaschen in Leitungswasser, oft wechseln (10 Min.) — Färben in Eosin oder Chromotrop 2 R (2 Min.) — Entwässern in Cellosolve (3—5 Min.) — Terpineol rein (3—5 Min.) — Xylol I und II (je 3—5 Min.) — Einschließen in Eukitt. Eventuell zwischen eine Holzwäscheklammer bis zur Erhärtung einklemmen, damit die Schnitte flacher liegen.
Die Kerne sind blau angefärbt, das Bindegewebe an günstigen Stellen hellrot. Übrige Gewebebestandteile (Plasma) in rötlichem Farbton. Erythrozyten orangerot.

Erkennbare Strukturen
Niere: Nierenkanälchen, längs und quer geschnitten; Blutgefäße und Kapillaren mit Blutkörperchen; Nierenkörperchen.

Fotos: Handschnitte einer Mausniere
1 Nierenkanälchen, dazwischen rechts oben ein Nierenkörperchen und unten quergeschnittene Vene (Objektiv 25×)
2 Nierenkanälchen mit blaugefärbten Kernen, dazwischen Kapillaren mit orangeroten Erythrozyten (Objektiv 40×)

1
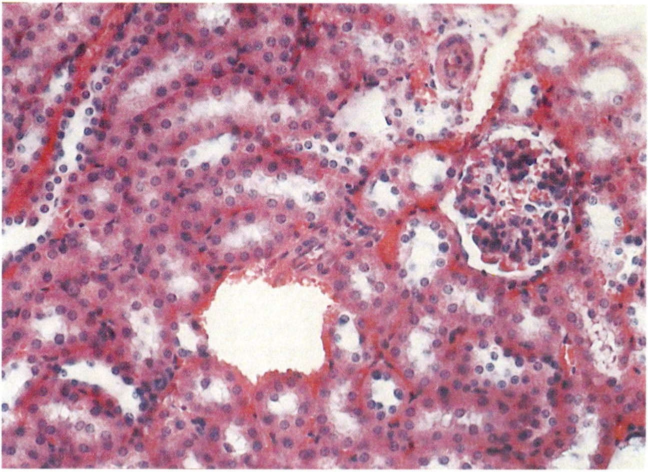

2
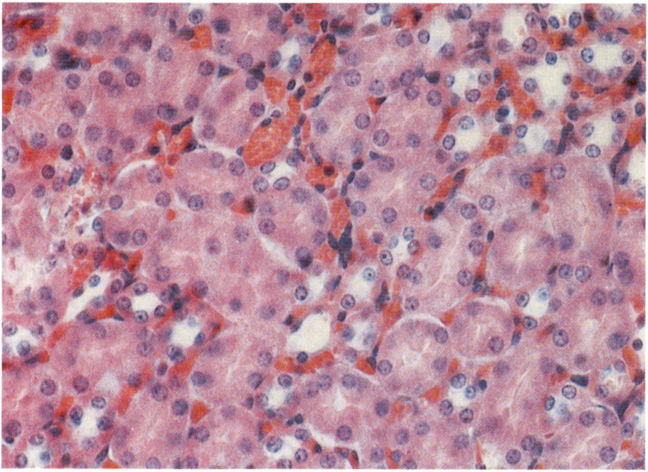

Hoden: Längs und quer geschnittene Samenkanälchen, eventuell mit Spermienschwänzen gefüllt; in der Wand der Kanälchen verschiedene Reifungsstadien der Spermien; zwischen den Kanälchen Bindegewebe mit Blutgefäßen.
Darm: Außen Längs- und innen Ringmuskelschicht; Bindegewebe mit Blutgefäßen; Epithelschicht der Darmwand mit schleimproduzierenden Becherzellen (hell), eventuell Zellteilungen.
Lunge: Schwammartiges Gewebe (Bläschen); geschnittene Arterien (muskulöse Wände), Venen, Kapillaren mit Blutkörperchen sowie Bronchien mit Epithelauskleidung (oft wellenförmig).
Herz: Quergestreifte, verzweigte Muskelfasern; dazwischen Kapillaren mit Blutkörperchen.
Gehirn: Nervenzellkörper mit großen Kernen; Gliazellkerne (klein); markhaltige Nervenfasern (oft bündelweise, im Längsschnitt gewellt).
Haut: Bei Amphibien Schleim- und Giftdrüsen in der Oberhaut; bei Säugetieren verhornte Oberhaut, Unterhaut mit Haarbalg- und Schweißdrüsen.

Spermien

Bei Säugetieren bestehen die ausgereiften Spermien aus einem Kopf und einem Schwanz, die beide aus derselben Zelle entstehen. Der Kopf wird zum größten Teil vom Kern ausgefüllt.

Fotos: Handschnitte tierischer Organe
1 Dickdarm der Maus, quergeschnitten. Von links nach rechts: Längsmuskelschicht, dicke Ringmuskelschicht, sehr dünne Bindegewebeschicht; dicke Falte, mit Bindegewebeschicht ausgekleidet und von Zotten überzogen. Helle Punkte sind Schleimzellen, eingebettet zwischen Epithelzellen (Objektiv 25×)
2 Krallenfroschhaut quergeschnitten, gefärbt mit Astrablau. Oben relativ dicke Eipdermis. Inhalt der Schleimdrüsen intensiv blau gefärbt. Unten das helle, verschichtete Band des Bindegewebes. Deutlich sichtbar die schwarzen Melanophoren
3 Mäusehaut quergeschnitten, gefärbt mit Hämatoxylin-Eosin. Oben dünne Epidermis, in der Mitte Unterhaut mit schräg eingesenkten Haarwurzeln und unten längsverlaufende Muskelfasern (Objektive 10×)

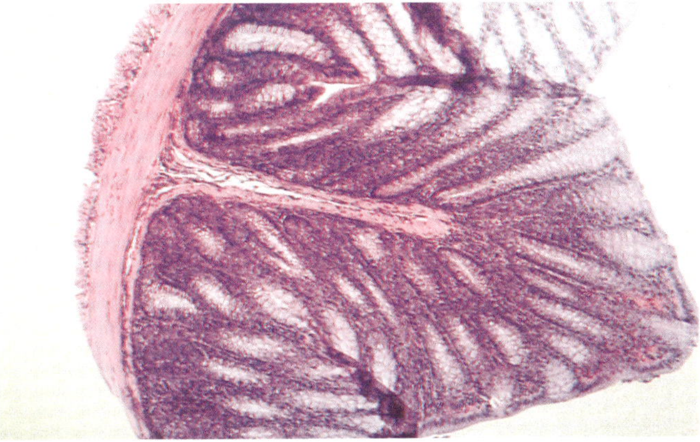

1

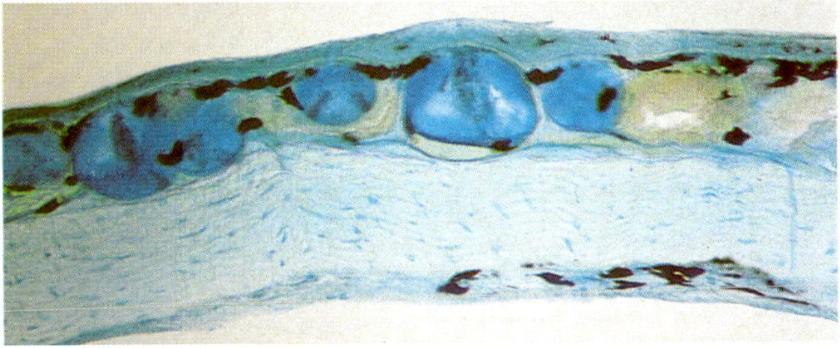

2

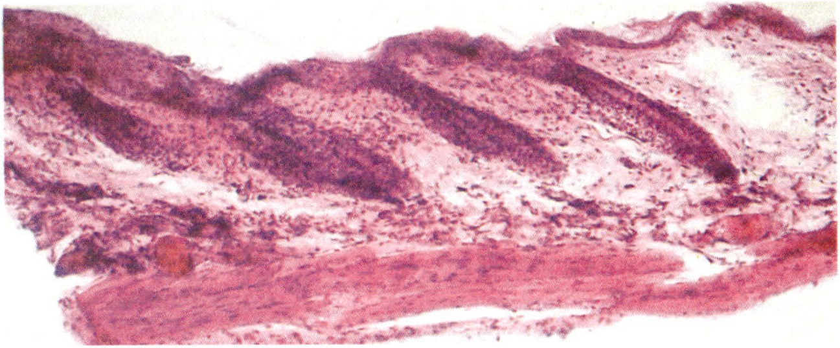

3

An seiner Spitze befindet sich die Kopfkappe, die bei verschiedenen Arten ziemlich unterschiedlich gestaltet ist. Durch den Geißelschlag (Schlängelbewegung) des Schwanzes können sich die Spermien mit einer Geschwindigkeit von 3 mm pro Minute vorwärtsbewegen, wobei sie gegen den Flüssigkeitsstrom schwimmen. Ihre Überlebenszeit in den weiblichen Geschlechtswegen beträgt etwa 1—3 Tage. Die Gesamtlänge beträgt bei den Mäusespermien etwa ein Zehntel Millimeter, wovon die Kopflänge etwa den zehnten Teil ausmacht.

Material: Ein kleines Hodenstücklein eines geschlechtsreifen Tieres, z. B. einer Maus.

Einen Tropfen Leitungswasser auf einen Objektträger geben. Das angeschnittene Hodenstückchen in den Wassertropfen eintauchen und auf Objektträger ausstreichen, so daß ein dünner Film entsteht.

Eintrocknen lassen — fixieren in reinem Methanol (5 Min.) — trocknen lassen — Ausstrich mittels einer Pipette mit Pianesegemisch bedecken (5 Min.)

Entwässern: mit einer Pipette erst 80prozentiges, dann 90prozentiges und schließlich absolutes Isopropanol auf Objektträger geben; jede Alkoholstufe möglichst kurz, sonst wird zu viel entfärbt.

Isopronal II rein (3 Min.) — Terpineol rein (3 Min.) — Xylol I und II (je 3 Min.) — Einschließen in Eukitt.

Die Köpfe der Spermien werden grün, die Schwänze und Kopfkappen rötlich angefärbt. (Abb. Seite 73)

Allgemeine Hinweise für den Umgang mit Chemikalien

Beim Hantieren mit allen Chemikalien und Lösungen sollte man immer vorsichtig sein. Jede Substanz, auch eine sogenannt harmlose, kann im Übermaß genossen oder eingeatmet giftig wirken.
Kontakte mit der Haut vermeiden und auf eine gute Raumbelüftung achten. Gefäße mit Xylol, Cellosolve, Terpineol, Alkohol usw. sollten mit einem Deckel ausgerüstet sein. Nach Gebrauch sollten die Lösungen zum Aufbewahren in eine gut schließende Schraubdeckelflasche zurückgegossen werden.
Die folgenden Lösungen müssen, sobald sie nicht mehr gebrauchsfähig sind, in einer Sammelflasche in der Apotheke abgegeben werden:

Xylol
Cellosolve (Äthylenglykolmonoäthyläther)
Terpineol

Diese Lösungen dürfen nicht in das Abwasser gelangen.
Chemikalien als Substanzen oder Flüssigkeiten können durch die Apotheke bezogen werden, ebenso Markenfarblösungen und Farbstoffe. Farblösungen, die verschiedene Komponenten enthalten, können nach Vorschrift von einem Apotheker hergestellt werden. Verschiedene Chemikalien, Farblösungen, Glasgegenstände (Objektträger, Deckgläser, Meßzylinder, Trichter usw.) und Apparate für den Mikroskopiker sind auch beim Kosmos-Service erhältlich (Postfach 640, D-7000 Stuttgart 1). Präpariernadeln, feine Pinzetten, Rubis 5, und sterile Blutlanzetten beziehen wir von einem Geschäft für medizinischen Bedarf.

Fixierlösungen

Beim Umgang mit Fixierlösungen immer vorsichtig sein – jedes Fixiermittel ist ein Gift. Besteht eine Fixierlösung aus mehreren Komponenten, dürfen diese im allgemeinen nur unmittelbar vor Gebrauch miteinander gemischt werden.

Äthanol-Formol-Eisessig-Gemisch für Pflanzenmaterial wie Blätter, Stengel, Wurzeln usw. Gute Allgemeinfixierung. Kann als Aufbewahrungslösung gebraucht werden, jedoch besser Objekte nach etwa 1 Tag in Leitungswasser 30 Minuten auswaschen und in Glyzerin-Isopropanol-Konservierungslösung legen. 90 ml Äthanol 70 % – 5 ml Formol 38 % – 5 ml Eisessig rein.

Äthanol-Eisessig-Gemisch für Wurzelspitzen. Als Aufbewahrungslösung ungeeignet. 50 ml Äthanol 96 % – 50 ml Eisessig rein.

Äthanol-Formol-Gemisch für Wasserflöhe, Ruderfußkrebse usw. Auch als Aufbewahrungslösung geeignet. 100 ml Äthanol 10 % – 7 ml Formol 38 %.

Formollösung für viele tierische und pflanzliche Objekte. Diese Lösung kann im Vorrat gemischt werden. In brauner Flasche lichtgeschützt aufbewahren. Auch als Aufbewahrungslösung geeignet. 10 ml Formol 38 % – 90 ml Leitungswasser (kalkhaltig).

Glyzerin-Isopropanol-Gemisch. Fixier- und Konservierungslösung für Holz, Nadeln, alle Pflanzenteile. Diese Lösung kann als Vorrat gemischt werden. 400 ml destilliertes Wasser – 50 ml Glyzerin rein – 50 ml Isopropanol rein.

Kaliumchrom-Formol-Eisessig-Gemisch für Algen usw. Auch als Aufbewahrungslösung geeignet. 96 ml destilliertes Wasser – 5 g Kaliumchrom-III-Sulfat – 7 ml Formol 38 % – 7 ml Eisessig rein.

Mazerationslösungen

Sorgfältig hantieren. Vorsicht auf Spritzer!
Javellewasser für Zellinhaltauflösung bei Pflanzenschnitten. Im Handel als fertige Lösung erhältlich.
Kalilaugelösung für Insekten. Vorsicht, ätzend, sehr konzentriert! 20 g Kaliumhydroxid in etwas destilliertem Wasser lösen und auf 100 ml mit destilliertem Wasser auffüllen. Als 20%ige Kalilaugelösung in Apotheken erhältlich.
Weinsäure für tierische Gewebe und Insekten. 90 ml destilliertes Wasser — 10 g Weinsäure.

Farblösungen

Wenn nicht anders beschrieben, können alle Substanzen miteinander in der Flüssigkeitsmenge gelöst werden, ohne diese zu erwärmen.
Alcianblau. Schlecht haltbar; immer nur frisch verwenden.
Für Kernfärbung an Muskelzupfpräparat: 100 ml destilliertes Wasser — 0,9 g Kochsalz — 3,0 g Glukose — 0,05 g Alcianblau 8 GS Chroma 1A 288.
Für Kernfärbung in Pollen: 100 ml destilliertes Wasser — 0,4 g Natriumtetraborat — 30 ml Eisessig rein — 0,5 g Alcianblau 8 GS Chroma 1A 288.
Alizarinviridinchromalaun nach Becher, für Algen usw. 5—10 Minuten in einem Becherglas auf der elektrischen Kochplatte leicht kochen. Nach dem Abkühlen filtrieren. Praktisch unbegrenzt haltbar; nach Gebrauch in die Vorratsflasche zurückfiltrieren. 95 ml destilliertes Wasser – 5,0 g Kaliumchrom-III-Sulfat — 0,5 g Alizarinviridin Chroma 1B 189.
Astrablau. Etwa 1 Jahr haltbar. Für Zellulosefärbung: 100 ml destilliertes Wasser — 2,0 g Weinsäure — 0,5 g Astrablau FM Chroma 1B 163. Für Nachweis saurer Mucopolysaccharide (Schleime); Becherzellen im Darm, Schleimdrüsen der Froschhaut usw.: 100 ml destilliertes Wasser — 1 ml Eisessig rein — 1,0 g Astrablau FM Chroma 1B 163.

Carmin-Essigsäure nach Schneider, für Kerne, Chromosomen, Zellteilungspräparate. Fertiggemisch im Handel erhältlich. Gut haltbar.

Chromotrop für Plasmafärbung. Gut haltbar. 0,2 g Chromotrop 2 R Chroma 1B 259 lösen in 20 ml destilliertem Wasser, dann 180 ml Äthanol 96 % und 6 ml Eisessig rein zugeben.

Chrysoidin für Holzfärbung. Etwa 1 Jahr haltbar. 0,5 g Chrysoidin Chroma 1B 473 in 100 ml destilliertem Wasser lösen, dann 1 ml Normalsalzsäure (etwa 3,6 %) zugeben.

Eosin für Plasmafärbung. Beschränkt haltbar. 0,2 g Eosin Chroma 1A 196 in 50 ml Brennspiritus geben, kurz rühren, 50 ml destilliertes Wasser zugeben und rühren.

Hämatoxylin nach Ehrlich oder Harris, für Kernfärbung. Fertig gemischt im Handel erhältlich. Gut haltbar.

Hemacolor-Schnellfärbung für Blutausstriche. Im Handel erhältlich (Merck 11 661). Gut haltbar. Farblösungen nur einmal verwenden.

Phloroglucin für Holzstoffnachweis. Gut haltbar. 100 ml Äthanol 70 % — 3 g Phloroglucin Merck 7266.

Pianesegemisch (Mod. Zbären), für Spermien, Zwiebelepidermis, Flechten usw.; Kern- und Plasmafärbung. Mehrere Jahre haltbar. 0,5 g Malachitgrün Chroma 1B 249, 0,2 g Rubin S Chroma 1B 527 und 0,01 g Martiusgelb Chroma 1B 351 in 50 ml Äthanol 96 % lösen und dann 150 ml destilliertes Wasser zugeben.

Safranin für Holzfärbung. Etwa 1 Jahr haltbar. 100 ml destilliertes Wasser, darin 0,5 g Safranin 0 Chroma 1B 463 lösen, dann 1,0 ml Normalsalzsäure (etwa 3,6 %) zugeben.

Sudan 7B oder IV für Kutinfärbung. 50 ml Äthanol 96 % — 5 ml Aceton — 0,1 g Sudan 7B Chroma 1A 276 oder Sudan IV Chroma 1A 262. Vorsichtig auf einer elektrischen Kochplatte kurz aufkochen und dann 50 ml Glyzerin dazugeben. Wenn möglich, etwa 12 Stunden bei ca. 60° C im Wärmeschrank halten. Erkalten lassen und filtrieren. Etwa 3 Monate haltbar. Frische Farblösung färbt am kräftigsten. Flasche gut verschlossen halten.

Andere Behandlungslösungen

Für Stärkenachweis: Vorbehandlungslösung: 2,5 g Kaliumhydroxid in 50 ml destilliertem Wasser lösen und dann 50 ml Äthanol 96 % dazugeben. Lugolsche Lösung: fertig gemischt im Handel erhältlich. Gut haltbar.
Für Zellteilungspräparate: Zwischenlösung oder als temporäres Einschlußmittel. 25 ml Essigsäure 45 % — 25 ml Glyzerin rein.

Einschlußmittel und Auflagewachs

Aroclor (Göke), im Handel erhältlich.
Chloralhydratlösung: 50 g Chloralhydrat in destilliertem Wasser auflösen, bis 100 ml auffüllen und 10 g Glyzerin dazugeben.
Eukitt (Kindler), im Handel erhältlich.
Glyzeringelatine nach Kaiser (Merck 9242), im Handel erhältlich.
Polyvinyllactophenol (Gurr), im Handel erhältlich.
Sorbitgelatine (Mod. Zbären), nicht käuflich, kann aber nach folgender Vorschrift in der Apotheke hergestellt werden: 45 ml destilliertes Wasser — 7 g Gelatine Merck 4078 — 50 ml Sorbit F Merck 2993 – 0,25 g Phenol Merck 200.
Die Gelatine in kleinen Portionen unter ständigem Rühren ins Wasser geben. Zum Aufweichen bei Zimmertemperatur etwa 30 Minuten stehenlassen. Sorbit zugeben, rühren und etwa 30 Minuten lang auf etwa 45–50° C erwärmen. Phenol zugeben und rühren, bis alles aufgelöst ist. Noch warm in eine gut verschließbare Vorratsflasche filtrieren. Für den Gebrauch eine kleinere Menge in ein Schnappdeckelglas abfüllen.
Styrax, im Handel erhältlich.
Auflagewachs: Einen Teil Paraffinwachs (niedriger Schmelzpunkt — etwa 55° C) und einen Teil reine Vaseline durch leichtes Erwärmen zu einer homogenen Masse verrühren. Am besten in einer kleinen Plastikschale mit Deckel aufbewahren.

Register

Literatur

Einführung in das Mikroskopieren
Krauter D.: Mikroskopie im Alltag, Kosmos Franckh, Stuttgart.
Stehli G.: Mikroskopie für jedermann, Kosmos Franckh, Stuttgart.

Wissenschaftliches Mikroskopieren
Gerlach D.: Botanische Mikrotechnik, Thieme, Stuttgart.
Romeis B.: Mikroskopische Technik, Oldenburg, München.

Bestimmungsliteratur
Chinery M.: Insekten Mitteleuropas, Parey, Hamburg.
Engelhardt W.: Was lebt in Tümpel, Bach und Weiher? Kosmos Naturführer, Franckh, Stuttgart.
Guggisberg C. A. W.: Schmetterlinge und Nachtfalter, Hallwag Taschenbuch Bd. 7.
Guggisberg C. A. W.: Käfer und andere Insekten, Hallwag Taschenbuch Bd. 19.
Jungen H.: Wunderwelt der Spinnen, Hallwag Taschenbuch Bd. 93 (in Vorbereitung).
Kalbe L.: Kieselalgen in Binnengewässern, Ziemsen, Wittenberg.
Sammlung: Einführung in die Kleinlebewelt, etwa 20 Bände, Franckh, Stuttgart.
Sauer F.: Tiere in Bach und Weiher, Hallwag Taschenbuch Bd. 37 (in Vorbereitung).
Streble H. und Krauter D.: Das Leben im Wassertropfen, Kosmos Naturführer, Franckh, Stuttgart.

Taschenbuch Nr. 7
C. A. W. Guggisberg

Schmetterlinge und Nachtfalter

63 Seiten, 16 Farbtafeln und
22 schwarzweiße Abbildungen
Einfachband DM/sFr. 6.80

Das Werden eines Schmetterlings oder Nachtfalters vom Ei bis zum vollendeten Falter wird kurz erläutert. Eine Zusammenstellung der wichtigsten Familien bringt eine erste Übersicht.
Der zweite Teil, hauptsächlich aus Farbtafeln bestehend, enthält eine reiche Auswahl an Tag- und Nachtfaltern mit stichwortartigen Angaben über Vorkommen, Flugzeit, Erkennungsmerkmale im Stadium als Raupe und als Puppe.

Taschenbuch Nr. 19
C. A. W. Guggisberg

Käfer und andere Insekten

88 Seiten, 27 Farbtafeln
und 20 Zeichnungen
Doppelband DM/sFr. 8.80

Der Leser wird mit den Ordnungen und den wichtigsten Familien vertraut gemacht, und es werden ihm aus einem Heer von gegen 1 000 000 bekannten Arten eine Reihe der häufigsten und auffallendsten vorgeführt, denen er auf Wanderungen begegnen mag. Ebenfalls enthält der Band einige allgemeine Bemerkungen über Bau und Entwicklung der Insekten.

Hallwag Taschenbücher

(Herbst 1980)

3 Unsere Vögel
4 Tiere in Feld und Wald
5 Unsere Bäume
6 Das kleine Anglerbuch
7 Schmetterlinge und Nachtfalter
8 Karte und Kompaß
9 Wetterkunde
10 Unsere Pilze
11 Lawinenkunde
14 Unsere Hunde
15 Baustilkunde
16 Chemie
18 Alpenblumen
19 Käfer und andere Insekten
20 Möbelstilkunde
22 Einführung in die Elektrotechnik
24 Wiesenblumen II
27 Waldblumen
28 Mikroskopieren
29 Unsere Sträucher
32 Besser fotografieren
33 Heilpflanzen
34 Tiere im Zoo
35 Moorpflanzen
36 Verkehrsflugzeuge
37 Tiere in Bach und Weiher
38 Zimmerpflanzen und ihre Pflege
41 Die Biene
42 Einführung in die Astronomie
45 Druckgraphik
49 Der Briefmarkensammler
53 Schiffe und Schiffahrt
54 Unsere Katzen
57 Muscheln am Mee
61 Kakteen
63 Die Welt der Stern
64 Berufslexikon für Mädchen (Schwei
66 Berufslexikon für Knaben (Schweiz)
68 Schach für Anfänger
69 Das Atom als Energiequelle
70 Minerale und Gesteine
71 Geologie
74 Kleine Münzkunde
77 Einführung in das Porzellanmalen
78 Orchideen — Mein Hobby
81 Unser Gemüse- und Gewürzgarten